计算机网络安全技术研究

主编 张鹏飞 徐长明

 湘潭大学出版社
XIANGTAN UNIVERSITY PRESS

编委会

主　编：张鹏飞　东明县招商服务中心
　　　　徐长明　东明县自然资源和规划局

副主编：彭　程　东明县招商服务中心
　　　　张秀英　东明县招商服务中心

编委会：卜　凡　东明县招商服务中心
　　　　高亚欣　东明县招商服务中心
　　　　张家浩　东明县招商服务中心
　　　　张豪斌　东明县招商服务中心
　　　　郭　航　东明县招商服务中心
　　　　穆林森　东明县招商服务中心
　　　　崔帅宾　东明县招商服务中心
　　　　徐家豪　东明县招商服务中心

前　言

　　网络信息安全是一门涉及计算机科学、网络技术、通信技术、密码技术、信息安全技术、应用数学、数论、信息论等多个学科的综合性学科。随着计算机网络的普及和发展，我们的生活和工作越来越依赖于网络，与此相关的网络信息安全问题也随之凸显出来，并逐渐成为网络应用所面临的主要问题。

　　网络发展的早期，人们更多地强调网络的方便性和可用性，忽略了网络的安全性。当网络仅仅用来传送一般性信息的时候，当网络的覆盖面积仅限于一幢大楼、一个校园的时候，安全问题并没有突出地表现出来。但是，当在网络上运行关键性的信息如银行业务等，当企业的主要业务运行在网络上，当政府部门的活动日益网络化时，计算机网络安全就成为一个不容忽视的问题。随着组织和部门对网络依赖性的增强，一个相对较小的网络也突显出一定的安全问题，尤其是组织部门的网络，要面对来自外部网络的各种安全威胁，即使是网络出于自身利益的考虑没有明确的安全要求，也可能由于被攻击者利用而带来不必要的法律纠纷。网络黑客的攻击、网络病毒的泛滥和各种网络业务的安全要求已经构成了对网络安全的迫切需求。

　　近几年来，有关计算机网络信息安全方面的著作不断涌现，这些著作各有特点，为各层次各类型读者提供了宝贵的资料，也指导和帮助着国内计算机网络安全技术的应用与研究。本书有以下两个方面的主要特点。

　　第一是通俗易懂。计算机网络安全的理论性、知识性、技术性较强，本书以清晰的思路、合理的体系、通俗的语言，向读者介绍计算机网络安全的理论知识和常用技术。

第二是注重实用。学习本书可使读者方便地掌握计算机网络安全的概念,掌握设计和维护网络及其应用系统安全的手段和方法,熟悉使用常见安全技术解决安全问题。在内容选取上,力求反映计算机网络安全的新问题、新技术和新应用,满足构筑计算机网络安全的需要。

作者在向读者推荐本书的同时,也深感计算机网络安全技术的博大精深、日新月异,以编者的现有水平很难在本书中给予全面、准确和及时反映,书中难免会有疏漏甚至错误,在此恳请读者和专家批评指正。

目　录

第一章 计算机网络概述

第一节 计算机网络基础知识

一、计算机网络的概念

计算机网络正在不断演变,内涵也在不断地丰富,所以人们还无法从学科概念和技术层面上给计算机网络一个非常准确的定义。在不同的时间和视角上,计算机网络的定义都是不同的。

从计算机和通信技术相融合的角度来看,计算机网络可以被定义为"将计算机技术和通信技术结合起来,从而实现处理远程信息和分享资源目的"的技术。根据这个定义,20世纪中期的"远程终端—计算机网""计算机—计算机网"和当下的分布式计算机网都属于这个范畴。

美国联邦信息处理协会则站在资源共享的视角上,将计算机网络定义为"能够共享资源(包括硬件、软件、数据等),同时拥有独立操作能力的计算机系统的集合"。

计算机网络进一步发展,实现了从"远程终端与计算机之间的通信"到"计算机之间的相互通信"。一个新的定义又产生了:"计算机通信网,即为了在计算机之间传输信息而相互连接的计算机系统的集合。"

站在物理结构的视角上,计算机网络又可以被称为"被协议所支配的若干台计算机、终端、数据传输设备和通信控制处理机组成的系统集合。"这一定义的重点在于计算机网络由协议支配,计算机之间的连接通过通信系统来实现。这一定义说明了,计算机网络系统与计算机之间简单连接形成的通信系统的区别在于是否有网络协议。

根据以上不同的定义,再结合当前主流的看法,计算机网络可以被这样具体地定义:"一组地理上分散、相互独立的计算机,为了共享资源而按照网络协议相互连接的计算机集合"。由于人们生活在不同的环境,研究的重点也各有异同,对计算机网络的用语也有所区别。当我们关注网络资源共享的研究时,它被称为"计算机网络";当我们关注通信问题时,它也被称为"计算机通信网络"。

计算机网络是一组由具有独立功能的计算机组成,并通过各种通信方式连接起来,从而实现信息交换、资源共享或协同工作的复合系统。计算机网络是用户进行信息共享和人际交流的平台,同时使用户能够进行远程信息处理,可以在本地或跨区域共享软件、硬件和数据资源,从而提高办事效率,节约成本,方便协同处理。

二、计算机网络的发展

一般来说,一个新技术的出现需要具备两个条件,即社会需求和前期技术的成熟。这种需求主要来自军事、科学研究、企业经营管理,它们希望将分布在不同地域的计算机通过通信线路相互连接成一个网络。网络用户可以通过计算机使用本地计算机的软件、硬件与数据资源,也可以使用联网中其他地点的计算机软件、硬件与数据资源,以达到计算机资源共享的目的。随着个人计算机与工作站的出现与广泛应用,小范围的多台计算机联网的需求也日益强烈。

在这种背景下,随着计算机技术与通信技术的发展,就产生了计算机网络。因此,可以说计算机网络是通信技术与计算机技术相融合的产物。计算机网络源于20世纪50年代,经过70多年的发展历程,形成了今天能全球互联、支持多媒体信息传输、能实现高速传输的计算机网络。计算机网络的发展可以概括地分为五个阶段:面向终端的集中式联机网络系统;多个计算机互联的分布式计算机网络;统一网络体系结构、遵循国际标准的计算机网络;光纤、宽带、高速的计算机网络,网络得到广泛应用的时代;IPv6、移动网络、云计算、物联网时代。

(一)面向终端的集中式联机网络系统

第一阶段是面向终端的第一代计算机网络(1946年到20世纪50年代末)。所谓的集中式联机网络系统,就是一台中央计算机连接大量分散在不同地理位置的终端网络系统,用户可以通过这些连接在不同地理位置的终端共享这台中央计算机资源。

1951年,美国麻省理工学院林肯实验室为美国空军设计的称为SAGE的半自动化地面防空系统,就是历史上典型的联机网络系统。该系统将17个防区的计算机通过通信线路连接起来,形成联机计算机系统,自动引导飞机和对导弹进行拦截。这套系统最终于1963年建成,被视为计算机技术和通信技术结合的先驱。

另一个典型的集中式联机网络系统是20世纪60年代美国航空公司与IBM公司成功研制的飞机订票系统SABRE-1。这个系统由一台中央计算机与全美范围内的2000个终端组成,这些终端采用多点线路与中央计算机相连,完成全美的航空售票业务。

上述两种系统具有一个共同点,那就是只有一台中央计算机,其他终端设备都不具有数据处理能力,只有数据输入、输出功能。数据的处理是通过终端的输入功能将数据送到中央计算机,经中央计算机处理后送到终端输出。在集中式联机网络系统中,随着连接的终端数目增多,为了使承担数据处理能力的中央计算机负荷减轻,在通信线路和计算机之间设置了一个通信控制器,专门负责与终端之间的通信控制,于是出现了数据处理和通信控制的分工。由于这种分工使用专门的通信控制器实现通信控制,使中央计算机集中进行数据处理,能更好地发挥中央计算机的数据处理能力。另外,在终端较集中的地区,设置集中器和多路复用器,将通过低速线路传输的终端连至集中器或复用器,然后通过高速线路、调制解调器与远地中央计算机的前端机相连,构成远程联机系统。这样的设置可以提高通信线路的利用率,节省投资。

集中式联机网络系统的理念主要是解决早期计算机主机价格高昂,不可能每个用户拥有一台主机的问题。通过多个终端连接计算机,实现多个用户共享一台主机的目的。随着计算机价格逐渐下降,集中式联机网络系统已为通过通信线路将多个计算机互联的分布式网络(第二代计算机网络)所取代。

(二)多个计算机互联的分布式计算机网络

1969 年,美国国防部高级研究计划局建成了 ARPA(The Advanced Research Projects Agency Network,阿帕网),标志着计算机与计算机互联的分布式网络的兴起。

ARPA 最初的目标是借助现有的通信系统,使与通信系统连接的计算机系统之间能够相互进行数据通信和资源共享。ARPA 当时只有 4 个节点,以电话线路作为通信主干网络,两年后,建成 15 个节点,进入工作阶段。此后,ARPA 的规模不断扩大。20 世纪 70 年代后期,网络超过 60 个,主机 100 多台,地理范围跨越了美洲大陆,联通了美国东部和西部的许多大学和研究机构,并且通过通信卫星与夏威夷和欧洲等地区的计算机网络相互联通。ARPA 是一个成功的系统,它在概念、结构和网络设计方面都为后继的计算机网络的发展打下了基础。第二阶段是以分组交换为核心的第二代计算机网络(20 世纪 60 年代中期到 70 年代中期)。随着计算机技术和通信技术的进步,形成了将多个单主机互联系统相互连接起来、以多处理机为中心的网络,并利用通信线路将多台主机连接起来,为终端用户提供服务。第二代网络是在计算机网络通信的基础上,通过完成计算机网络系统结构和协议的研究,形成的计算机初期网络,是以网络分组交换技术进行数据远距离传输的网络。

ARPA 的主要特点:资源共享;分散控制;分组交换;专门的通信控制处理机 IMP;分层的网络协议。这些特点往往被认为是现代计算机网络的一般特征。ARPA 采用了分组传输方式,在发送数据时,将一个大的数据块(文件)划分成若干小的数据块,并对每一个小的数据块进行编号,每个小的数据块称为分组,每一个分组单独选择路由进行传输,到达接收方后,再根据各个分组的编号重新将分组组装成原来的大的数据块(文件)。分组传输能很好地利用网络链路资源,大大提高传输效率,此技术现在仍然在使用。

ARPA的出现第一次提出了网络分层的概念,网络分层将完整的网络功能分解成若干子功能,每个子功能由不同的层次来共同实现,不同层间按照协议进行通信,层间的信息交互通过接口实现。网络分层思想使网络体系结构变得清晰,各层的设计与实现可以由独立的软件、硬件完成,并且便于厂家设计网络产品,成为今天网络体系结构的架构标准。

ARPA自1969年投入运行以来,以它的可靠服务证明了该技术的优越性。ARPA的形成及它显示出的优越性,推动了计算机网络的迅猛发展。20世纪70年代后期是广域网络大发展的时期,在这个时期,很多国家的政府部门、研究机构和公司都在发展各自的分组交换广域网。

随着人们对组网的技术、方法和理论的研究日趋成熟,为了促进网络产品的开发,各大计算机公司纷纷制定自己的网络技术标准,相继推出了自己的计算机网络体系结构,IBM公司的SNA(System Network Architecture)和DEC公司的DNA(Digital Network Architecture)是两个著名的例子。

1994年,IBM公司首先推出了自己的网络体系结构SNA。SNA描述了网络部件的功能,以及通过网络传输信息和控制配置与运行的逻辑构造、格式和协议等。它主要用于集中式面向终端的计算机网络。1976年,SNA将一台主机和它的终端设备连成树型网络,并进一步扩展成带树型分支的多台主机的互联网络。1979年,SNA去掉上述限制,允许用户之间进行通信,从而形成比较完善的分布式网络体系结构。

1975年,DEC公司宣布了自己的网络体系结构DNA。它诞生时就强调分布式而不是集中式的网络体系结构。1978年,DEC公司推出自己的第二代网络体系结构,它能在实时、分时和多任务操作系统上运行,并支持对远程资源的操作。1980年,DEC第三代网络体系结构推出,它强化了分布式管理,并可进行路径选择和多点通信,网络的节点可达255个。SNA和DNA这两个网络体系结构的推出,大大推动了网络的发展,以后凡是按SNA网络体系结构组建的网络都称为SNA网,凡是按DNA网络体系结构组建的网络都称为DNA网。

(三)统一网络体系结构、遵循国际标准的计算机网络

第三阶段是第三代计算机网络(20世纪70年代末到80年代末)。在第三代网络出现以前,不同厂家的设备不能实现互联,即使是同一厂家的不同时期的设备也不能实现互联,各厂家采用自己独特的技术开发各自的网络体系结构,不同的网络体系结构无法互相连接,这样就阻碍了网络的大范围发展。然而,要充分发挥计算机网络的作用,就应当使不同厂家的计算机网络产品组建的网络能够互联,并能进行通信。

于是,在1977年国际标准化组织就提出了一个标准框架OSI参考模型并正式发布,使厂家设备、协议达到全网互联。当时采用的是具有统一的网络体系结构并遵守国际标准的开放式和标准化的网络,它是网络发展的第三代。"开放式系统互联参考模型"(OSI/RM)作为国际标准,其规定了网络的体系结构及互联的计算机之间的通信协议,遵从OSI/RM网络体系结构及协议的网络通信产品都是所谓的开放系统。也就是说,只要是遵循OSI/RM标准的网络系统,就可以和位于世界上任何地方的、遵循这个标准的其他网络系统互联,并进行通信。这种统一的、标准化的产品市场给网络技术的发展带来了网络市场的繁荣,推动了互联网络的快速发展,开创了计算机网络的新纪元。

在计算机网络发展历程中,还包括局域网(Local Area Network,LAN)的发展。20世纪80年代,微型计算机产品有了极大的发展,由微型机构成的局域网技术得到了相应的发展。鉴于广域网出现的问题,局域网的发展一开始就注意标准化的问题,着手制定统一的局域网标准。1980年2月,美国电气电子工程师协会提出的IEEE802局域网标准出台,后来被国际标准化组织采纳,作为LAN的国际标准,称为ISO8802标准。

由于局域网厂商从一开始就按照标准化、互相兼容的方式生产局域网产品,这种标准化的结果使用户在建设自己的局域网时选择面更宽,设备更

新更快,促进了局域网的快速发展。经过20世纪80年代后期的激烈竞争,局域网厂商大都进入专业化的成熟时期。

(四)光纤、宽带、高速计算机网络,网络得到广泛应用的时代

第四阶段是以高速和多媒体应用为核心的第四代计算机网络,自20世纪90年代以来,计算机网络有了飞跃的发展。高速光纤和光器件的成熟,高速交换技术的出现,使传输速率不断提升,已经达到1Gb/s、10Gb/s的网络速率,100Gb/s的局域网标准已经形成并颁布。高性能、低价格计算机的推出,丰富的网络设备产品,都成为计算机网络大发展的催化剂,大大促进了计算机网络的发展。

信息时代的到来、信息高速公路的建立、互联网的迅速扩大,使计算机网络应用更加广泛;管理信息系统、办公室自动化、高性能计算、网络媒体服务、网上购物等形成计算机网络应用的巨大市场。网络技术和计算机技术的大发展形成了"不进入网络的计算机,就不能称为计算机;网络就是计算机"的新概念。

(五)IPv6、移动互联网、云计算、物联网时代

进入21世纪,网络进入了IPv6、移动互联网、云计算、物联网时代。随着网络的日益普及和业务的广泛开展,网络出现了IP地址枯竭的问题。32位的地址表达、只有40亿个网络地址的第一代IPv4网络发展至今已经使用了30多年。2011年,国际互联网名称和地址分配公司ICANN宣布IPv4网络地址的最后一批资源已经在全球分配完毕。这意味着IPv4网络地址已成为基于IPv4发展起来的互联网可持续发展的"瓶颈",将使全球在互联网基础上拓展的移动互联网、云计算、物联网等新兴业务,由于没有网络地址可用而无法继续开拓新的业务。这个问题早在十几年前人们就注意到了,于是国际互联网工程任务组设计了128位地址表达和技术更加先进、成熟的IPv6网络。IPv6除了具有足够的地址空间外,还具有许多比IPv4更加强大的新功能。基于IPv6的互联网具备可持续发展的优势和成熟的技术,许多发达国

家制定了明确的IPv6发展路线图。我国也在积极发展IPv6网络,现在已经建成了基于IPv6网络地址的大规模下一代互联网示范网络,已经有多所高校、科研单位及企业建设了IPv6驻地网,同时还积极参加国际上的IPv6的各种研究项目。

近年来,我国越来越重视IPv6的工作,如2021年,中央网信办、国家发展改革委、工业和信息化部就联合印发了《深入推进IPv6规模部署和应用2021年工作安排》(以下简称《工作安排》)。

《工作安排》明确了工作目标:到2021年年末,网络承载能力显著增强,数据中心、内容分发网络、云平台和域名解析系统等应用基础设施基本完成IPv6改造。新上市的家庭无线路由器支持并默认开启IPv6功能。部署30个以上IPv6技术创新和融合应用试点项目。IPv6活跃用户数达到5.5亿,物联网IPv6连接数达到5000万。移动网络IPv6流量占比达到20%,城域网IPv6流量占比达到5%。县级以上政府门户网站IPv6支持率达到70%,国内主要商业网站及移动互联网应用IPv6支持率达到60%。《工作安排》提出,要加强深入推进IPv6规模部署和应用统筹协调工作,完善统筹协调机制,开展试点示范,加强监测通报,持续提升IPv6流量,加大IPv6发展成果宣传力度,营造全社会共同参与推进IPv6规模部署和应用的良好氛围。

随着宽带无线接入技术和移动终端技术的快速发展,人们迫切希望可以方便地在任何时候,甚至是在移动过程中通过网络轻松获取信息和服务,因此,移动互联网应运而生并迅猛发展。移动互联网是一种通过智能移动终端,采用移动无线通信方式获取业务和服务的新兴业务,包含终端、软件和应用三个层面。终端层包括智能手机、平板电脑等;软件包括操作系统、中间件、数据库和安全软件等;应用包括休闲娱乐类、工具媒体类、商务财经类等不同应用与服务。移动互联网一经推出就得到人们的热捧,需求越来越高,优势越来越凸显,促进了移动互联网技术的快速发展,目前,移动互联网在传输带宽和距离、抗干扰能力、安全性能方面已经接近有线网络,甚至在某些方面已经超过传统的有线网络,市场应用价值越来越高。移动互联网络技术已经成为网络通信技术下一步的主要发展方向。

21世纪是云计算的时代。云计算是一种基于互联网的超级计算模式,在远程的数据中心,几万甚至几千万台电脑和服务器连接成一片,具有每秒超过10万亿次的运算能力,为用户提供网络服务。如此强大的运算能力几乎无所不能。用户通过电脑、笔记本、手机等方式接入数据中心,按各自的需求进行信息检索、数据存储和科学运算。

21世纪,物联网是信息技术的重要组成部分,它是在互联网基础上延伸和扩展的网络。该技术主要是通过射频识别(RFID)、红外感应器、全球定位系统、激光扫描器等信息传感设备,按约定的协议,把任何物品与互联网相连接,进行信息交换和通信,以实现对物品的智能化识别、定位、跟踪、监控和管理。

21世纪,网络速率、安全性、可靠性不断提升,IPv6拥有巨大的地址空间,全方位支持语音、数据、视频业务。物物相连的物联网络、无处不在的移动网络、高性能的智能终端,加上呈爆炸性增长的巨大网民数量和网络业务,正在开创21世纪网络新时代、新纪元。

三、计算机网络的主要特征

分布式系统(Distributed System)和计算机网络是两个经常被混淆的概念,有的把分布式系统纳入计算机网络。分布式系统具有以下五个特征:系统拥有多种通用的物理和逻辑资源,可以动态地给它们分配任务;系统中分散的物理和逻辑资源通过计算机网络实现信息交换;系统存在一个以全局方式管理系统资源的分布式操作系统;系统中联网的各计算机既合作又自治;系统内部结构对用户是完全透明的。

从上述特征我们可以看出,两者的共同之处在于,一般分布式系统都是建立在计算机网络上的,所以分布式系统和计算机网络在物理结构上基本相同。网络操作系统要求用户在使用网络资源时,首先必须了解网络资源的分布情况。网络用户必须了解网络中各种计算机的功能与配置、应用软件的分布、网络文件目录结构等情况。在网络中,如果用户要读某个共享的文件,用户必须知道这个文件存放在哪一台服务器中,以及它存放在服务器的哪一个目录之下。

分布操作系统对系统资源进行全局管理,能够对用户任务自动进行网络资源的调度。在一个分布系统中,多个相互连接的计算机系统对用户是"透明的"。分布式操作系统可以根据用户任务的要求,在系统中选择最合适的处理器,将用户需要的文件自动传送给处理器,在处理器上完成运算后,再把结果传给用户。也就是说,分布式系统中用户并不知道多个处理器的存在,整个系统就像一个虚拟单片机,在处理器间分配任务,文件的调用、传输、存储等都由分布式操作系统自动完成。所以,分布式系统和计算机网络的主要区别并不在于其物理结构,而在于高层软件,即构建在网络上的软件系统,这种软件可以保证系统的高度一致性和透明度。分布系统的用户无须关心网络环境下的资源分布和计算机联网的差异,用户的作业管理和文件管理过程对用户是透明的。计算机网络是研究分布式系统的技术基础,分布式系统是计算机网络发展的高级阶段。

四、计算机网络体系结构

随着计算机网络的飞速发展和各国网络技术的快速发展,世界各国现行的计算机网络国家标准以及各种类型的计算机网络都是多种多样的。尤其是早期的计算机网络,它们都遵循不同的标准,运行着不同的操作系统和网络软件,这使一个由同一个厂商制造的计算机组成的网络可以互相通信。例如,IBM 的 SNA 和 DEC 的 DNA 就是两个典型例子。这类异构的计算机网络彼此封闭,它们不能互相通信,更不能与互联网连接来实现资源共享,就像是一座孤岛,与世隔绝,没有通向别处的通道。为使它们能够相互通信,必须在全球范围内统一网络协议,制定软件标准和硬件标准,准确地定义计算机网络及其各组成部分应该完成的功能,从而使不同计算机可以实现同一种功能的信息对接。

(一)划分层次的必要性

计算机网络体系结构将网络的所有部件可完成的功能精确定义后,进行独立划分,按照信息交换层次的高低分层,每层都能完整地完成多个功能,层与层之间互相支持又相互独立。因为网络中的计算机严格按照分层的规定进行数据处理,而在同一层次上不同的计算机执行相同的协议与标准,独立完成一样的网络任务,因此,用户和计算机在同一层次进行信息交换与处理时可忽略其他层次的影响独立操作,这样使复杂的网络信息的交换和处理大大简化,便于人们掌握和使用。分层的意义在于,计算机网络是一个非常复杂的系统,其复杂程度远远超过人们的想象。一般地,连接在网络上的两台计算机要互相传送文件,就需要在它们之间建立一条传送数据的通路。其实这还远远不够,至少还有以下几件事情要完成:一是为用户提供良好的、易于操作的界面,使其可方便地操作数据传输,并可得知传输过程中的差错与细节。二是建立一条传送数据的通路,并对通路进行监控,使其断开后能够重新建立连接。要建立通路就必须要求网络中的多台计算机进行协商并且相互协作,监控通路则需要全时段地跟踪守候。三是数据发送方必须弄清楚,数据接收方是否已经做好数据接收和存储的准备。四是数据传输中会出现各种各样的差错,怎样应对差错,保证接收方计算机能够收到完整准确的数据,也是通信双方需要做的。

实践表明,对复杂的网络系统进行分层,使庞杂的网络信息交换条理明晰,并转化为若干个小的局部问题,这些局部问题又要易于处理。就像人类复杂的社会分工,社会中有各个阶层。每个阶层在工作中相互独立又相互支持,各阶层完成的工作加起来就完成了社会生产。为了更好地说明分层的概念,将上述所提到的计算机网络通信需要解决的问题进行归类分层。

第一层我们把它称为网络接入模块,这个模块的作用就是负责与网络接口有关的细节。因为数据在网络传输中会遇到如网卡、网线、集线器、交换机、路由器、调制解调器等,这些设备的接口能处理的传输信号都有不同,甚至不同公司生产的不同性能的网络设备都有很大差异,为了让数据在各种设备间获得一致性的传输,网络中就必须有信号转换和处理设备接口细节的功能。我们让网络接入模块专门处理这些事情,可见网络输入模块可以驾驭和利用最底层的网络通信硬件资源。在驾驭网络通信硬件资源的基础上,提出第二层通信服务模块,这层的功能是负责建立通信通路,保证以文件为单位传输的数据或文件传送命令可靠地在两个系统之间交换,也就是说,这个模块必须有建立网络链路、差错检测、差错应对、差错更正等功能。而这些功能必须建立在有效利用网络通信硬件资源,并使数据在其中稳定传输的基础上,这正好是网络接入模块的功能。由此可见,网络接入模块和通信服务模块相互独立、相互支持。它们在功能上相互独立没有关联,但是网络接入模块为通信服务模块提供有效的线路服务,通信服务模块为网络接入模块提供稳定无差错的通信保障。同理,在这两层之上,第三层为文件传送模块。这个模块是在下边两层提供的服务的基础之上,它为用户提供了良好的操作界面,使其以文件为单位操作数据传输,并得知传输过程中的差错与细节,同时也对文件的不同格式进行转换。从上面的示例可见,分层所带来的好处体现在以下几个方面。

1.层与层之间相互独立

一个复杂的问题可分成多层,每层只实现一种相对独立的功能,这样就把问题分成若干小的易于解决的局部问题,这样问题的复杂程度就大大下降了。每一层并不需要知道其他层是如何实现的,而仅仅需要知道怎样通过层间接口向相邻层提供或接收相应的服务。

2.灵活性好

每一层的工作都是独立进行的,各个网络设备可在同一层次上相互交流,而不受其他层次的影响。由于它们的独立性非常好,只要层间接口关系保持不变,就可以对各层进行修改,其他层均不会受到影响。

3.结构上可分割开

因为各个层次所负责的工作不同,所以,可以分别采用最适合各个层次本身的技术,而不会因为技术的不同影响到整个信息处理与交换。

4.易于实现和维护

在实现和维护的时候可以分别对各层单独进行处理，而不用担心会影响到其他的层次。把各层的问题都处理好了就等于做好了整个网络。因此，非常易于用户操作、使用和维护。

5.能促进标准化工作

由于网络体系结构对每一层的功能及其所提供的服务都已有了精确的定义，但是定义功能是不够的，两台不同的计算机之间还需要有相应的规则和标准才能够通信。这就是通常所说的网络协议。也就是这种对网络分层的功能的精确定义，使我们可以独立地针对某一层制定最适合的协议与标准，而不会出现一个协议可能会与多个层次有千丝万缕的联系。因此，网络的分层大大促进了网络标准化的进程。

在目前的分层网络体系结构中，每一层都被制定了很多的协议和标准，有的网络体系结构甚至是以网络协议的名字来命名的，如TCP/IP体系结构，其核心就是TCP/IP协议。因此，网络协议是计算机网络体系中一个非常重要的内容。

(二)网络协议

协议是通信双方为了实现通信而设计的约定或对话规则。网络协议则是网络中的计算机为了相互通信和交流而约定的规则。这就好比我们人类在交流沟通的时候约定"点头"表示同意，"摇头"表示不同意，"微笑"表示快乐，"皱眉"表示伤心等。计算机和我们人类一样，相互传输读取信息的时候也需要约定。比如，在大多数时候它们约定相互传输数据前必须由一方向另外一方发出请求，在双方都收到对方"同意"的信息时才开始传送和接收数据。这样的约定或者规则就是计算机网络协议。当然，计算机网络的协议比大家想象的要复杂得多。现在最流行的因特网协议包括TCP/IP协议，以及我们上网用得最多的Http协议、FTP协议等。网络协议是计算机网络软件系统的基础，网络没有了协议就像比赛失去了规则一样，会失去控制。一台计算机只有在遵守网络协议的前提下，才能在网络上与其他计算机进行正常的通信。在计算机网络上做任何的事情都需要协议,如从某个主机上下载文件、上传文件等。但在自己的电脑上存储打印文件是不需要任何协议的。

综上所述,计算机科学与技术的研发改变了社会生产领域以及生活领域的传统发展方式,也使市场经营发生了变化,计算机网络体系结构是抽象的、理论化的,是一种思想。这种思想包含了对网络的层次性划分,对传输的数据包结构以及整个传输处理过程的规范。而这种思想的体现者和实施者是计算机网络硬件和软件,因此,计算机网络的硬件和软件都必须按照体系结构的标准进行设计和生产。

第二节 计算机网络组成与结构

通俗地讲,计算机网络就是由多台计算机(或其他计算机网络设备)通过传输介质和软件物理(或逻辑)连接在一起组成的。总的来说,计算机网络的组成包括计算机、网络操作系统、传输介质(可以是有形的,也可以是无形的,如无线网络的传输介质就是空气)以及相应的应用软件四部分。

一、资源子网与通信子网

从计算机网络各组成部件的功能角度来看,各部件主要完成网络通信和资源共享两项功能。把计算机网络中实现网络通信功能的设备及其软件的集合称为网络的通信子网,而把网络中实现资源共享功能的设备及其软件的集合称为资源子网。

(一)资源子网

计算机网络是一个通信网络,每台计算机通过通信媒体和通信设备进行数字通信,在此基础上,各计算机可以通过网络软件共享其他计算机上的硬件资源、软件资源和数据资源。资源子网负责全网数据处理和向网络用户提供资源及网络服务,包括网络的数据存储资源和数据处理资源。

网络子网是计算机网络中面向用户的部分,其主体是连入计算机网络内的所有主计算机以及这些计算机所拥有的面向用户端的外部设备、软件和共享的数据资源。在网络子网中,各种数据处理设备有计算机、智能终端、磁盘存储器和监控设备等。在局域网中,资源子网主要由网络的服务器、工作站、共享的打印机和其他设备及相关软件组成。在广域网中,资源子网由上网的所有主机及其外部设备组成。资源子网的主体为网络资源设备,包括客户机(也称工作站),网络存储系统,网络打印机,独立运行的网络数据设备,网络终端,服务器,网络上运行的各种软件资源、数据资源等。

(二)通信子网

所谓的通信子网,是指网络中实现网络通信功能的设备及其软件的集合,通信设备、网络通信协议、通信控制软件等都属于通信子网,是网络的内层,负责信息的传输,主要为用户提供数据的传输、转接、加工、变换等。通信子网主要包括中继器、集线器、网桥、路由器、网关等硬件设备。局域网中通信子网由网卡、线缆、集线器、中继器、网桥、路由器、交换机等设备和相关软件组成。广域网中通信子网由一些专用的通信处理机(结点交换机)及其运行的软件、集中器等设备和连接这些节点的通信链路组成。通信子网的设计一般有两种方式:点到点通道和广播通道。

点到点通道的基本特征:一条线路连接两台网络互联设备。一般情况下,两台计算机的连接要经过多台网络互联设备,其关键技术通常是选择路由。

广播通道基本功能:一是多台计算机共享一条通信线路。任何一台计算机发出的信息都可以直接被其他计算机接收。其关键技术为通道分配。二是没有通信子网,网络不能工作,而没有资源子网,通信子网的传输功能也失去了意义,两者合起来组成了一个统一的资源共享的两层网络。三是将通信网络的规模进一步扩大,使之变成社会公共的数据通信。

二、计算机网络的组成

计算机网络系统是一个集计算机设备、通信设施、软件系统以及数据处理能力于一体的,由计算机硬件系统和计算机软件系统组成的复杂系统。

(一)计算机网络的硬件组成

现在我们用的计算机网络都是以太网,其他类型的网络都逐渐被市场淘汰。

1.网卡

网卡又名网络适配器,是计算机和网络线缆之间的物理接口,是一个独立的附加接口电路。任何的计算机要想连接进入网络都必须确保在主板上接入网卡,因此,网卡是计算机网络中最常见也是最重要的物理设备之一。网卡的作用是将计算机要发送的数据整理分解为数据包,并转换成串行的光信号或电信号送至网线上传输;同样也把网线上传过来的信号整理转换成并行的数字信号,提供给计算机。因此,网卡的功能可概括为并行数据和串行信号之间的转换、数据包的装配与拆装、网络访问控制和数据缓冲等。现在流行的无线上网,则需要无线网卡。

2.网线

计算机网络中计算机之间的线路系统由网线组成。网线有很多种类,通常用的有双绞线和光纤两种,其中,双绞线一般用于局域网或计算机间少于100米的连接。光纤一般用于传输速率快、传输信息量大的计算机网络(如城域网、广域网等)。光纤的传输质量好、速度快,但造价和维护费用昂贵;而双绞线简单易用,造价低廉,但只适合近距离通信。计算机的网卡上有专门的接口供网线接入。

3.集线器

集线器的主要功能是对接收到的信号进行再生放大,以扩大网络的传输距离,同时把所有节点集中在以它为中心的节点上。集线器工作在网络最底层,不具备任何智能,它只是简单地把信号放大,然后转发给所有接口。集线器一般只用于局域网,需要加电,它可以把若干个计算机用双绞线连接起来组成一个简单的网络。

4.调制解调器

调制解调器是计算机与电话线之间进行信号转换的装置,它可以完成计算机的数字信号与电话线的模拟信号的互相转换。由于电话的使用远远早于因特网,所以电话线路系统早已深入千家万户,并且非常完善和成熟。如果利用现有的电话线上网,可以省去搭建因特网线路系统的费用,这样可节省大量的资源。因此,现在大多数人在家利用调制解调器接入电话线上网,如 ADSL 接入技术等。调制解调器简单易用,有内置和外置两种。

5.交换机

交换机,又称网桥,其在外形上和集线器很相似,二者都应用于局域网,但交换机是一个拥有智能和学习能力的设备。交换机接入网络后可以在短时间内学习掌握此网络的结构以及与它连接计算机的信息,可以对接收到的数据进行过滤,而后将数据包传送至与主机相连的接口。因此,交换机比集线器传输速度更快,内部结构也更加复杂。一般人们可以用交换机组建局域网或者用它把两个网络连接起来。市场上最简单的交换机造价在100元左右,而用于一个机构的局域网的交换机则需要上千甚至上万元。

6.路由器

路由器是一种连接多个网络或网段的网络设备,它能将不同网络或网段之间的数据信息进行"翻译",以使它们能够相互"读"懂对方的数据,从而构成一个更大的网络。因此,路由器多用于互联局域网与广域网。路由器比交换机更加复杂,功能更加强大,它可以提供包括分组过滤、分组转发、优先级、复用、加密、压缩和防火墙功能,并且可以进行性能管理、容错管理和流量控制。路由器的造价远远高于交换机,一般用它来把社区网、企业网、校园网或者城域网接入因特网。市场上也有造价几百元的路由器,不过那只是功能不完全的简单路由,只可用于把几台电脑连入网络。

7.服务器

网络的核心设备就是服务器,其承载数据库程序等可共享的资源,担负数据处理任务。服务器是网络环境中的高性能计算机,它侦听网络上其他计算机(客户机)提交的服务请求,并提供相应的服务。为此,服务器必须具有承担服务和保障服务的能力。根据外观上的不同,服务器可分为机架式服务器、刀片式服务器和机柜式服务器。

(二)计算机网络的软件组成

计算机网络除了硬件外,还必须有软件的支持才能发挥作用。如果网络硬件系统是计算机网络的躯体,那么网络软件系统则是计算机网络的灵魂。计算机网络软件系统就是来驾驭和管理计算机网络硬件资源,使用户能够有效利用计算机网络的软件集合。在计算机网络软件系统中,网络协议是网络软件系统中最重要、最底层的内容,有了网络协议的支持才有了网络操作系统和其他网络应用软件。

1.网络协议

网络协议(Protocol)是一种特殊的软件,是计算机网络实现其功能的最基本机制。网络协议的本质是规则,即各种硬件和软件必须遵循的共同守则。网络协议并不是一套单独的软件,它融合于其他所有的软件系统中,因此可以说,协议在网络中无所不在。网络协议遍及 OSI 通信模型的各个层次,从我们非常熟悉的 TCP/IP、HTTP、FTP 协议,到 OSPF、IGP 等协议,有上千种之多。对于普通用户而言,不需要关心太多的底层通信协议,只需要了解其通信原理即可。在实际管理中,底层通信协议一般会自动工作,不需要人工干预。但是对于第三层以上的协议,就经常需要人工干预了,比如 TCP/IP 协议就需要人工配置它才能正常工作。

2.网络操作系统

网络操作系统是计算机系统最重要的一种系统软件,也是计算机系统的内核与基石。操作系统是一些程序模块的集合。它们能以尽量有效合理的方式管理和控制计算机系统中的硬件及软件资源,并合理地组织计算机工作流程为应用程序的开发和运行提供一个高效的平台。同时,它为用户提供一个功能完善、使用方便、可扩展、安全和可管理的工作环境和良好的接口。操作系统是计算机必须配置的最基本和最重要的系统软件,它是硬件的第一级扩充。经过操作系统提供的资源管理功能和方便用户的各种服务手段把裸机改造成功能更强、使用更为方便的机器,我们通常称为"虚拟机"。在操作系统之上,其他系统软件和应用软件的运行需要操作系统支撑。

只要在网络中的一台计算机上装入网络操作系统,就可以通过这个平台管理和控制整个网络资源。一般的网络操作系统是在计算机单机操作系统的基础上建立起来的,只不过是加入了强大的网络功能。

第三节 计算机网络的应用与标准化组织

一、计算机网络的主要功能

(一)资源共享

计算机的许多资源是十分昂贵的,不可能为每个用户所拥有。这些资源包括硬件、软件和数据。资源共享是计算机网络组网的目标之一。在计算机网络中,资源共享主要有三种形式。硬件共享,用户可以使用网络中任意一台计算机所连接的硬件设备。例如,同一网络中的用户共享打印机、共享硬盘空间等。软件共享,用户可以使用远程主机的软件,包括系统软件和用户软件。数据共享,网络用户可以使用其他主机和用户的数据。

通过计算机网络,网络用户不但可以使用本地计算机资源,而且可以通过网络访问互联网的远程计算机资源,还可以调用网络中的多台计算机共同完成某项任务。

(二)数据交换和通信

在计算机网络中,计算机之间或计算机与终端之间,可以快速可靠地相互传递数据、程序或文件。利用这一特点,企业和个人可实现将分散在各个地区单位或部门的信息用计算机网络联系起来,进行统一调配、控制和管理。

(三)分布处理与均衡负载

当网络中某台计算机的任务负荷太重时,网络可将新任务转交给空闲的其他计算机来完成,这样处理能均衡各计算机的负载,提高处理问题的实时性。对于大型综合性问题,我们可将任务分散到网络中的其他计算机上进行,或由网络中比较空闲的计算机分担负荷。这样既可以处理大型的任务,使一台计算机不会负担过重,又提高了计算机的实用性,起到了分布式处理和均衡负荷的作用。

(四)提高系统的可靠性

计算机网络通过备份技术可以提高计算机系统的可靠性。当某一台计算机出现故障时,可以立即由计算机网络中的另一台计算机来代替其完成所承担的任务。例如,空中交通管理、军事防御系统、工业自动化生产线、电力供应系统等都可以通过计算机网络设置,以保证实时性管理和不间断运行系统的可靠性和安全性。

(五)信息查询

信息查询是计算机网络提供资源共享的最好工具,当我们想要查询某些信息资源时,通常我们会通过百度、Google这些搜索引擎,输入"关键词",很快就会找到你想要的内容,就连小学生都会说"百度一下,你就知道"。

(六)远程教育

远程教育是利用计算机技术开发的现代在线服务系统,它充分发挥网络可以跨越空间和时间的特点,在网络平台上,向学生提供各种与教育相关的信息,做到"任何人在任何时间、任何地点,可以学习任何课程"。比如,计算机网络MOOC课程。

(七)电子商务

广义的电子商务包括各行各业的电子业务、电子政务、电子医务、电子军务、电子教务、电子公务和电子家务等;狭义的电子商务指人们利用电子化网络化手段进行商务活动。

(八)办公自动化

办公自动化是一项具有历史性意义的系统工程,它能为信息化社会的发展提供强有力的保证,主要体现在:为信息化社会的发展提供媒介;提升信息的快速响应能力;能够更加准确和科学地帮助用户进行决策;节省办公费用。

办公自动化系统能够帮助工作人员使用先进的办公设备和优秀科学的管理方法来提升他们的工作效率与工作质量,使单位的信息化管理更加快速、便捷。它的使用与推广不但能简化信息化办公的步骤与工作,还会为企业或单位节省开支,获得更大的经济效益。

(九)企业管理与决策

通过企业信息网络,企业可以对分布于各地的业务进行及时、统一的管理与控制,实现企业范围内的信息共享,从而大大提高企业在全球化市场的竞争能力。例如,著名的网络设备生产商思科公司利用互联网的力量,将其企业的劳动生产率提高了17亿美元,客户满意度提高了25%。沃尔玛投资4亿美元由休斯公司发射了一颗商用卫星,实现了全球联网,在全球4000多家门店通过全球网络可在1小时之内对每种商品的库存、上架、销售量全部盘点一遍,并通知货车司机最新的路况信息,调整车辆送货的最佳线路;正是凭借先进的计算机网络,沃尔玛做到了商店的销售与配送保持同步,配送中心与供应商运转一致,提高了工作效率,降低了成本,使沃尔玛超市所售货物在价格上占有绝对优势,成为消费者的重要选择对象。

二、计算机网络的应用

根据覆盖面,计算机网络可分为四种网络:局域网、城域网、广域网和接入网。这四种计算机网络分别用于不同的地方,并发挥不同的作用。最常见的就是和我们生活息息相关的局域网。

(一)局域网的应用范围

局域网主要具有以下几个技术特点:局域网覆盖有限的地理范围,可覆盖一幢大楼、一所校园或一个企业;数据传输速率高,一般为0.1～100Mbps,目前已出现速率高达1000Mbps的局域网,可交换各类数字和非数字(如语音、图像、视频等)信息;误码率低,这是因为局域网通常采用短距离基带传输,可以使用高质量的传输媒体,从而提高数据传输质量;以PC机为主体,包括终端及各种外设,网中一般不设中央主机系统;一般包含OSI参考模型中的低三层功能,即涉及通信子网的内容;协议简单、结构灵活、建网成本低、周期短、便于管理和扩充。因此,人们每天都在和局域网打交道。局域网的范围很广,如人们凭借个人力量搭建的计算机网络大多数属于局域网。

1.家庭网络的应用

"家庭网络",是指在每个房间中使用计算机构成的网络。例如,在书房用一台家用无线路由器接入因特网,这样在起居室的笔记本就能使用无线网卡与路由器相连,并能上网。个人电脑(PC1)被连接在无线路由器上,房间和主卧(PC2和PC3)通过连接墙内的双绞线与路由器相连。看起来四台计算机之间没有任何联系,但实际上运行在同一个局域网中。

2.企业网络的应用

企业网络也属于局域网,因为公司的会议室、财务部、技术部等部门往往位于同一楼层,距离不能满足局域网的适用范围。一种拥有良好部门的公司内部网络应该是这样的:公司通过一种路由器(免疫网关)接入因特网,各部门的计算机通过相应的设备与路由器相连,与互联网的所有通信都要经过该路由器。所以本路由器是一种典型的网关,用户可以在网关上添加数据过滤、安全防范等模块。信息中心的作用就是利用该网关对整个网络系统进行实时管理和监控。

3.校园网的应用

校园网络是一种较为复杂的局域网,其复杂性表现在:多媒体教室、备课、机房、教研室、图书馆等各模块都是一个独立的局域网。在结构和功能上,这些局域网都配备了自己的服务器。若要使这些局域网联结起来,则需要百兆或千兆位交换机和路由器支持,所以大多数链路是百兆或千兆的。如果网络全部集中在教学大楼中,那么无论有多少先进的校园网设备,或采用的先进技术,都完全符合局域网的要求。

(二)城域网的应用范围

1.信息公用网的应用

城域网,是指信息公共网络将全市所有的市政机构、新城老城、企业单位、医院学校等连接起来,形成了一个覆盖全市的计算机网络。城域网的核心部分主要是大功率的路由器、交换机等组成的骨干网。骨干网的传输速率快、传输容量大,且非常适合长距离传输,满足接入骨干网的速率要求。在骨干网的外围,某个局域网可通过提供给它的路由器接入骨干网,进而变成城域网的一部分。例如,白马集团的内部局域网可通过图中标注"白马集团"的路由器接入城域网,而校园网也可找到相应的专用路由器来接入该城域网。

2.邮政网的应用

邮政网络是一种典型的跨城市网络。每个城市都有自己的邮政系统,这个系统主要提供邮递、电汇、储蓄、托运等服务,需要有一个完整的计算机通信网来支撑。每一个城市的邮政网络都是独立的,但各城市间的邮寄、电汇等业务注定了各城市的邮政网必须互联互通。因此,邮政网是一个横跨多个城市,并连接多个邮政营业点,同时拥有综合数据处理能力的城域网。

(三)广域网的应用范围

广域网是由国家或大型电信公司出资建设的,能够覆盖全国的计算机网络。国家负责建设的是广域网的主干网,主干网将各个省级市级的城域网连接起来,从而形成一个覆盖全国的广域网。

1.华东(北)地区的主干网图

中国教育和科研计算机网络(CERNET广域网)是一个由国家投资建设、

教育部负责管理、清华大学等高等教育机构承担建设与运行的全国学术性计算机网络。CERNET的网络中心设在清华大学校园内,其主要用于管理CERNET主干网。地区网络中心和地区主节点分别设在36个城市的38所大学,并负责地区网络运行管理和规划建设,主干网外围的路由节点连接的是该地区的一所著名大学。CERNET主干网都是由高速链路组成,距离既可以是几千千米的光缆线路,也可以是几万千米的点对点卫星链路。CERNET主干网总带宽已达10 G(万兆),联网主机120万台,用户超过2000万。

2.海关网的应用

我国的海关系统分布在全国的各个地方,它是一个国家的进出境监督管理系统,并由海关总署垂直管理。海关系统在组织机构上分为三个层次:第一层次是海关总署;第二层次是广东分署,天津、上海2个特派员办事处,41个直属海关和2所海关学校;第三层次是各直属海关下辖的562个隶属海关机构。除此之外,海关系统还在莫斯科、布鲁塞尔、华盛顿以及中国香港等地设有派驻机构。我们将所有机构的电脑全部联网后可以形成一个典型的广域网。

(四)接入网的应用范围

接入网是近年来为满足用户高速上网需求而产生的一种新的网络技术。所谓接入网,是指骨干网络(或主干网或城域网)到用户终端之间的所有设备。这段长度一般为几百米到几千米,因而被形象地称为"最后一公里"。由于骨干网一般采用光纤结构,传输速度快,所以,接入网便成了整个网络系统的"瓶颈"。

宽带接入技术指的是速度百兆乃至千兆的因特网由路由器接入,经过防火墙、拨号接入服务器等功能性设备的检查和过滤,通过本地电话网提供给用户使用。电话网线路是在计算机网络出现以前政府投入巨资建设的用于电话通信的通信网络,用来传输模拟信号。计算机将其数字信号转换成模拟信号就可在电话线上传输。我们利用成熟和完善的电话线路可大大减少计算机网络的布线费用,但数字信号与模拟信号的转换,以及模拟信号的传输等技术严重影响了传输的速率和容量,从而产生传输"瓶颈"。一般电信、网通等运营商提供给用户的带宽有 1M、2M、10M 等,这与百兆或千兆的因特网带宽形成鲜明对比。

三、网络标准化的组织

(一)电信界中最有影响的组织

1.国际电信联盟组织

国际电信联盟(International Telecommunication Union,ITU),简称国际电联,是联合国的一个专门机构,也是联合国机构中历史最长的一个国际组织。国际电联是主管信息通信技术事务的联合国机构。国际电联总部设于瑞士日内瓦,其成员包括 191 个成员国和 700 多个部门成员及部门准成员。每年 5 月 17 日是世界电信日。

国际电联的使命是使电信和信息网络得以增长和持续发展,并促进普遍接入,以便世界各国人民都能参与全球信息经济和社会并从中受益。自由沟通的能力是建设更加公平、繁荣与和平的世界的必不可少的前提。为使该愿景成为现实,国际电联帮助调动所必要的技术、财务和人力资源。

国际电联面临的一项主要工作是通过建设信息通信基础设施,大力促进能力建设和加强网络安全以提高人们使用网络空间的信心,弥合所谓数字鸿沟。实现网络安全和网络和平是信息时代人们最为关注的问题,国际电联正在通过其具有里程碑意义的全球网络安全议程采取切实可行的措施。

国际电联还针对防灾和减灾努力加强应急通信。尽管发展中国家和发达国家均会受到自然灾害的威胁,但是较贫穷的国家由于其薄弱的经济能力和资源的匮乏往往受到最沉重的打击。

无论是通过制定用于创建基础设施以便在全球范围内提供电信服务的标准,还是通过对无线电频谱和卫星轨道进行公平管理以便将无线业务推广到世界每个角落,抑或通过向努力制定电信发展战略的国家提供支持,国际电联开展的所有工作均围绕着一个目标,让所有人均能够以可承受的价格方便地获取信息和通信服务,从而为全人类的经济和社会发展做出重大贡献。

2.电子工业协会组织

电子工业协会(Electronic Industries Alliance,EIA)是美国电子行业标准制定者之一,其成员包括电子公司和电信设备制造商。EIA是美国的能源数据及其分析预测的主要信息来源。根据法律规定,EIA进行独立的信息报道,不受政府的影响。EIA发布周、月、年度报告,包括能源的生产、储备、需求、进出口和价格等各个方面。同时对上述各项内容提出分析意见并对当前关注的各种问题做专题报告。每周报告包括石油天然气和煤炭生产、消费与市场,天然气储备及最新报告。每月报告包括短期能源展望、天然气月报、电力月报、能源每月评论等。年度报告包括国际能源展望、能源评论年度报告、天然气年度报告、煤炭年度报告、美国温室气体排放年度报告等。专题报告包括能源价格、北极区石油和天然气生产、国家电力概况及区域性分析概要等。

EIA主要用来定义设备间的电气连接和数据的物理传输。例如,RS-232(或称EIA-232)标准,它已经成为大多数PC与调制解调器或打印机等设备通信的规范。

(二)国际标准界中最有影响力的组织

1.国际标准化组织

ISO(International Organization for Standardization)是国际标准化组织,目前世界上最大、最有权威性的国际标准化专门机构。ISO的目的和宗旨是"在全世界范围内促进标准化工作的开展,以便于国际物资交流和服务,并扩大在知识、科学、技术和经济方面的合作"。ISO的主要活动是制定国际标准,协调世界范围的标准化工作,组织各成员国和技术委员会进行情报交流,以及与其他国际组织进行合作,共同研究有关标准化问题。

按照ISO章程,其成员分为团体成员和通信成员。团体成员,是指最有代表性的国家标准化机构,且每一个国家只能有一个机构代表国家参加 ISO。通信成员,是指尚未建立国家标准化机构的发展中国家(或地区)。通信成员不参加 ISO 技术工作,但可了解 ISO 的工作进展情况。

ISO 制定的标准内容涉及广泛,从基础的紧固件、轴承各种原材料到半成品和成品,其技术领域涉及信息技术、交通运输、农业、保健和环境等。每个工作机构都有自己的工作计划,该计划列出需要制定的标准项目(试验方法、术语、规格、性能要求等)。ISO 采纳标准的程序大体上是相同的。最开始是某个国家标准化组织觉得在某领域需要有一个国际标准。随后人们就成立一个工作组提出委员会草案,此委员会草案在所有的成员实体上多数赞同后,最终就被制定成一个修订的文档,称为国际标准草案。

2.电器与电子工程师协会

电气与电子工程师协会(Institute of Electrical and Electronics Engineers,IEEE),总部位于美国纽约,是一个国际性的电子技术与信息科学工程师的协会,也是全球最大的非营利性专业技术学会,IEEE 大部分成员是电子工程师、计算机工程师和计算机科学家。IEEE 致力于电气、电子、计算机工程和与科学有关的领域的开发和研究,在太空、计算机、电信、生物医学、电力及消费性电子产品等领域已制定了 1300 多个行业标准,现已发展成为具有较大影响力的国际学术组织。电器和电子工程师协会除了每年出版大量的杂志和召开很多次会议外,在电子工程师和计算机领域内,还有一个标准化组制定各种标准。例如,IEEE802 就是关于局域网的标准。

第二章 计算机网络安全

第一节 计算机网络安全的基本概念

一、计算机网络安全的定义

计算机网络通常是指能够实现信息传输及资源共享的一种计算机系统。计算机网络系统一般可分为网络硬件和网络软件。网络硬件由主体设备、连接设备和传输介质三部分组成。网络软件包括网络管理软件、网络操作系统及通信协议,基于这三者的管理和协作,才能实现资源和信息的传输与共享。在连接不同地域、不同数量的计算机时,只有将通信线路作为主要的辅助工具,才能将多台计算机实现外部连接,并且在连接之后体现出每一台计算机的独立功能。

本书从以下两个方面来阐述计算机网络安全的概念:一是计算机网络系统安全,二是计算机网络信息安全。计算机网络能够向计算机用户传输信息资源,并且为其提供服务。基于计算机网络这样的特性,我们可以从安全的角度定义计算机网络:所谓的计算机网络安全,指的是能够在网络体系中确保服务,在信息传输的基础上具有极高的可用性,以及在网络体系中资源信息能够保证高度的完整性。

可用性对计算机网络提出的要求是,基于用户在计算机网络中的需求,能够为其提供不受时间、空间限制的网络服务,满足用户随时随地对信息资源的使用所提出的要求。

完整性对计算机网络安全提出的要求是,在用户使用网络服务的过程中,能够确保这些信息资源的准确性及保密性。另外,要确保用户使用的这些信息是完整的,并且存在的信息是可用的。

由此可见,现阶段计算机网络安全需要解决的一个问题是,如何能够在安全的网络系统中,为用户提供一个范围合适、类型适当的网络服务。与此同时,还要确保外部连接的每一台计算机,都具有高度的可用性及连通性,从而使网络用户在使用网络时,能够得到可用性和完整性极强的资源信息,这也是对网络系统的一种保护。

综上,可以看出计算机网络安全不仅仅涉及技术方面的问题,也会涉及一些管理方面的问题。在计算机网络安全工作中,需要二者协同,才能够对网络信息进行保护。从技术的角度来看,技术主要的作用是阻止计算机外部一些非法用户对计算机网络系统的恶意攻击;从管理的角度来看,管理的作用更侧重于计算机网络安全系统工作内部的人员管理,从人为因素方面去规避一些问题和矛盾,以此来保护计算机网络安全。

二、计算机网络安全的特征

实际上,计算机网络安全属于综合性比较强的一门学科,内容宽泛,不仅涵盖计算机科学、计算机网络技术、密码技术与信息安全技术等方面的内容,还涉及应用数学及信息论等学科的内容。

计算机网络安全所要保护的对象有硬件设备、软件设备及数据资源等。在保护计算机网络安全的过程中,需要做到的是以上这些保护对象不会遭到外界的恶意破坏,数据资源不会被篡改或者被泄露,这样才能确保计算机网络的正常运行。同时在计算机网络系统运行的过程中,要保证其具有较高的可靠性,最重要的是能够为网络用户提供可持续性较强、不会轻易间断的网络服务。计算机网络中的所有信息都是具有保密性和完整性的,在使用网络信息的过程中,这些信息具有可靠性和真实性。在网络安全管理的过程中,所有能够与这些网络信息特性相关联的管理工作和技术工作,都属于网络安全领域需要研究的内容。

(一)计算机网络安全的特点

通俗地说,网络信息安全与保密主要是指保护网络信息系统,使其没有危险、不受威胁、不出事故。从技术角度来说,网络信息安全与保密的目标,主要表现在系统的保密性、完整性、可用性、可控性、可靠性、不可抵赖性等方面。

1.保密性

保密性一般是指在计算机网络安全系统中的信息资源不被泄露给非授权的用户、实体或过程,或供其利用的特性。针对网络信息的保密性,常用的几种安全措施有:对网络信息进行物理安全管理;针对一些比较重要的信息资源进行加密处理;适当地进行监控防护和核辐射防护;等等。

2.完整性

完整性指的是其信息资源未经授权不能被擅自篡改和更改的特性。也就是说,网络信息在传输和存储过程中保持不被伪造或者删除,也不会在使用的过程中出现重播、乱序及插入等的特性。影响网络信息完整性的主要因素有计算机硬件设备出现故障,软件环境中出现代码错误,计算机系统中出现病毒或者存在外界的人为攻击行为等。

3.可用性

可用性指的是在信息资源使用的过程中,允许授权用户或实体正常访问的特性。也就是说,计算机网络信息系统中的资源,能够为被授权的用户提供正常的信息资源服务。网络信息系统最基本的功能是向用户提供服务,而用户的需求是随机的、多方面的,有时还有时间要求。已经被授权的用户,在访问网络信息资源时会进行身份识别和确认,这样才能够针对被授权的用户提供访问权限之内的信息资源服务。

4.可控性

可控性是对网络信息的传播及内容具有控制能力的特性,即被授权的用户可以按照自己的需求随时随地地在计算机网络中使用自己所需要的信息资源。可控性要求计算机网络信息系统能够对被授权的用户提供即时性的信息资源的传输。

5.可靠性

可靠性是系统安全中最基本要求之一,它是指在整个网络体系中,无论是软件的运行还是硬件的运行,都需要保证其自身具有无故障的特性。可以从以下几个方面来提高计算机网络信息系统的可靠性:不断提升计算机网络信息系统硬件设备方面的质量;在配置方面做好备份工作;针对故障及时纠正和自我修复;制定容错措施;从科学合理的角度去分配运行过程中的负荷问题等。

6.不可抵赖性

计算机网络信息系统还具有不可抵赖性,我们也常常将其称作不可否认性,这一特性常出现在信息资源的互换过程中。基于这样的特性,能够使计算机网络信息资源在交换的过程中,双方的参与者都不能对操作进行否认和抵赖。简单来说,这种特性与签名、签收等形式有一定的相似性。

(二)物理安全

1.防盗

和其他物品一样,计算机也是盗窃的目标。计算机的流失所造成的损失远远高于计算机硬件本身的价值,所以在日常工作过程中,针对计算机的防盗工作要做好合理的预防措施。

2.防火

①电气方面,可能会出现的问题是:设备和线路出现接触不良或者短路;静电及绝缘层遭到破坏;信息量负荷过大等等。

②人为事故方面,多数是机房工作人员操作不当引起火灾,如在易燃物较多的地方吸烟或者乱扔烟头等,也不排除会有人为纵火的情况。

③外部环境中的火灾蔓延,通常是指计算机机房以外的空间结构中出现了建筑物方面的火灾,火势扩大蔓延到计算机机房,从而引起连续性的火灾。

3.防静电

静电在我们日常生活中很常见,是两个物体之间摩擦或者二者相接触引起的一种现象。在机房,计算机的显示器会产生非常强的静电,如果没有释放出去,那么这种静电就会在设备或者物体中停留,其自身的势能是非常大的。由于放电会产生火花,这些火花很有可能引起火灾,一旦发生火灾,就会对机房内的大部分集成电路造成不可逆的损坏。

4.防雷击

随着科学技术的发展和电子信息设备的广泛应用,对现代防雷技术提出了更高、更新的要求。采用传统的避雷针,不仅不能满足微电子设备的安全需求,还会带来很多弊端,如增加了被雷击的概率、产生感应雷击等。而感应雷击是损坏电子信息设备的主要杀手,也是易燃易爆产品着火的主要原因。

5.防电磁泄漏

有一些电子设备会在工作的过程中出现一种电磁辐射的情况,比如计算机在工作过程中就会产生电磁辐射。计算机的电磁辐射可以从两方面来概括:其一是辐射发射,其二是传导发射。在计算机工作的过程中,无论是哪一种形式的发射,都会被灵敏度较高的接收机所接收,进而对其进行有效的恢复和分析,这一过程中会出现电磁泄漏的情况。

(三)逻辑安全

一般情况下,计算机逻辑安全的实现方法有以下三个方面:一是密码权限;二是文件权限;三是审计工作。如果想要在计算机正常运行的过程中有效防止黑客的一些恶意行为,那么就需要做好逻辑安全方面的防护工作。

用户可以通过限制登录次数或者限制操作时间来确保逻辑安全。储存于计算机档案内的资料可由软件加以保护;该软件限制存取他人拥有的档案,直到该档案的拥有者明确准许他人存取该档案为止。另一种限制访问的方式是通过密码,计算机在接收到访问请求后要求检查密码,然后在访问目录中匹配用户账号和密码。此外,还有一些安全包可以跟踪可疑的、未经授权的访问尝试,比如多次登录或对他人文件的请求。

(四)操作系统安全

在计算机网络信息系统中,最基本也是最重要的一个组成结构就是操作系统。一般情况下,同一个计算机系统能够供给多个工作人员或者用户同时使用,为了保证计算机操作系统本身的安全,要在构建系统的同时考虑到用户的需求。只有做好系统分区,才能够确保用户在正常访问网络系统的时候,只在自己的访问区域操作,而不会涉及或干扰到其他的用户。例如,大多数用户操作系统不允许一个用户删除属于另一个用户的文件,除非另一个用户明确地给予许可。

不同的操作系统,在功能和安全性上也有很大的差别。通常情况下,功能比较强大、安全级别更高的操作系统能够为系统中每一个用户设置个人账号。一般情况下,每一个用户只能操作属于自己的账号信息,操作系统本身是不允许已经注册的账号去恶意修改另外一个用户的账号信息的,也就是说除了自己本身的信息数据之外,他人的信息数据是不可以被更改的。

(五)联网安全

计算机网络系统在联网的过程中需要保持高度的安全性。安全性之所以能够得到保障,是通过安全服务来实现的。

第一,访问控制方面的服务,其目的是使计算机联网之后的信息资源得到正常授权才能被使用,即确保信息资源不会出现被非授权用户使用的情况。

第二,通信安全方面的服务,其目的是使联网之后的数据信息,自身的完整性和保密性得到进一步的确认,以确保通信过程中所有的信息资源具有可靠性。

例如,因为电子商务基于互联网结构,所以电子商务就需要在联网的过程中广泛地应用通信安全服务。

三、计算机网络安全层次结构

开放式系统互联(Open System Interconnect,简称OSI),一般称作OSI参

考模型,是由国际标准化组织(International Organization for Standardization,简称ISO)颁布的,提出这一模型的目的是使设备在网络互联的过程中有一个标准的参考框架。TCP/IP参考模型在开放式系统互联参考模型的基础上,分成四个不同的层次:网络接口层,这一层所对应的是OSI参考模型中的物理层和数据链路层;网际互联层,这一层所要面对的是通信方面的问题,也就是需要解决连接的主机之间通信方面出现的一些问题,与之对应的是OSI参考模型中的网络层;传输层,对应的是OSI参考模型中的传输层,这一层的具体功能是将端到端的通信功能落实在具体的通信工作中;应用层,与之对应的是OSI参考模型中的高层,这一层的主要工作任务就是以客户的需求为主,为其提供多元化的应用服务。

从网络安全的角度来看,参考模型的每一层都可以采取一定的安全手段和措施,提供不同的安全服务。但是,单个层次不能提供所有的网络安全特性,每个层次必须提供自己的安全服务,共同维护网络系统中的信息安全。

在物理层,可以在通信线路上采用电磁屏蔽、电磁干扰等技术,防止通信系统以电磁的形式(电磁辐射、电磁泄漏)向外界泄露信息。

从数据链路层来看,加密工作是针对数据链路通道,在电路上通过加密机制进行通信加密。在信息离开某一台计算机之前就可以对其进行电路上点对点的信息加密,也可以在信息进入另一台机器的时候,对其进行链路上的点对点加密。这一加密过程中涉及的细节,都是建立在计算机硬件底层的基础上,通常情况下在上层结构中是不能实现的。

从网络层来看,针对处于网络边界的一些信息资源,其安全工作需要通过防火墙技术来处理,这样就需要确定信息是来自哪一个源地址,之后要确定的是这一信息对主机有没有访问的权限,这样就能够确保在信息网络体系内,主机不会被非法用户进行恶意访问。

从传输层来看,信息流的安全工作,可以用端对端加密的形式来实现,也被称为进程到进程的加密。

从应用层来看,安全工作主要针对的对象是用户身份上的甄别,需要进一步认证和确认访问者的身份,才能够提供安全性较高的通信渠道。

四、计算机网络安全的责任与目标

(一)计算机网络安全的责任

从高级管理者到日常用户,很多人员都能在计算机网络的安全建设中发挥作用。高级管理者负责推行安全策略,其准则是"依其言而行事,勿观其行而仿之",但是源自高级管理者的策略和规则往往会被忽视。用户不仅要意识到网络安全的重要性,还要意识到不遵守规则可能会带来的后果。一个很好的方法是提供短期的安全培训课程,让人们可以提出问题和讨论问题;另一个比较好的做法是在经常出入的公共场所和使用场所张贴安全警告(如网吧、机房等)。

(二)计算机网络安全的目标

计算机网络安全的最终目标是利用各种技术手段或者工作管理手段,确保网络信息系统在运行过程中能够具有保密性、完整性、有效性等。

1.保密性

网络信息系统具有保密性,意味着信息系统结构中的信息资源在运行的过程中不存在非法泄露(或者能够具备有效防止自身信息泄露这一特性)。通常情况下,信息系统中的资源、访问的权限仅提供给已被授权的用户。

信息资源的保密性是通过多种技术手段实现的,其中包括对信息资源的加密、对访问者身份的验证、对访问时间及访问次数的控制以及网络安全信息通信协议等。

在信息资源防泄露的实现手段中,信息加密是非常基础的一项技术。在大多数情况下,计算机网络信息安全防护系统的主要防护结构都是由密码技术来实现的。也就是说,如果密码技术一旦泄露或者密码泄露,就会出现安全系统崩溃的情况。机密文件和重要电子邮件在英特网上传输也需要加密,加密后的文件和邮件如果被劫持,由于没有正确密钥进行解密,劫持的密文仍然是不可读的。此外,机密文件即使不在英特网上传输,也应该进行加密,否则窃取密码后就可以获得机密文件,对机密文件加密可以提供双重保护。

2.完整性

信息完整性是指信息的可靠性、正确性、一致性,只有完整的信息才是值得信赖的信息。完整性与保密性不同,保密性强调信息不能被非法泄露,而完整性强调信息在存储和传输过程中不能被意外或故意修改、删除、伪造、添加、破坏,并且在存储和传输过程中必须保持不变。影响信息完整性的因素主要有硬件故障、软件故障、网络故障、灾难事件、入侵攻击和计算机病毒。确保信息完整性的技术包括安全通信协议,一旦信息遭到恶意破坏或者出现缺失,那么最有效的恢复方式就是数据备份。

3.有效性

根据用户的不同需求,为用户提供数据信息访问服务,这一过程中展示出的特性就是信息资源的有效性,这种特性对于用户来说是计算机网络信息系统所能体现的安全特性。一般来说,若网络信息系统能够满足保密性、完整性和有效性这三个安全目标,则可以认为信息系统在一般意义上是安全的。

第二节 计算机网络面临的安全威胁

一、影响网络安全的因素

(一)技术因素

从技术因素的角度来看,对网络安全造成影响的有计算机网络系统硬件上存在安全缺陷、软件上存在安全漏洞以及系统的安全配置策略等方面。

1.计算机网络系统硬件上存在安全缺陷

不可否认的是,现阶段无论是从理论角度还是技术层面来看,计算机网络系统硬件都存在一定的局限性,这些因素就会使计算机本身或者计算机系统的一些硬件设备在运行过程中出现不同类型的问题,也会出现一些功能上的不足,从而在计算机网络系统的使用过程中就会存在较大的安全隐患。

2.软件上存在安全漏洞

实际上,工作人员会在软件系统的后台留一个"后门",这个"后门"的作用就是为了在日后的工作中不断地对其进行升级和改进。可是这也存在一些弊端,如果计算机网络被恶意访问或攻击,就会造成整个系统的崩溃。

3.系统的安全配置策略

我们可以从常用的系统中看到默认设置,它所代表的实际上是较低的一种安全级别。另外,如果在网络配置上出现错误,那么就会存在一定的安全问题,也会出现一些安全漏洞。例如,系统中的密码文件并没有合适的安全保护措施。

(二)管理因素

管理因素主要是指网络管理漏洞。一般来说,在设计计算机网络系统的时候,相关的工作人员在落实内部结构设计时所关注的重点实际上是外部环境对系统造成的威胁,或者存在的一些安全性因素等,从而就会忽视系统内部所存在的安全漏洞,或者可承受的攻击程度等,以至于在整个系统的内部缺乏网络审计及跟踪机制方面的应急策略。与此同时,网络管理员在日常工作过程中,并没有过多地重视系统日志这些信息内容。另外还存在一些比较普遍的问题,例如,某些网络管理人员的专业素质不高,整体管理措施并不是十分完善;某些网络用户的安全意识不强等,这些都会引起网络安全问题。

(三)人为因素

可以把网络安全问题看作人的问题,无论是技术人员还是管理人员,在面对计算机网络安全问题的时候都需要承担一部分责任。也就是说,基于人的行为,可以将网络安全问题归结为两种:其一是技术人员和管理人员在工作过程中出现的无心错误,其二是外部环境中人为的恶意攻击。

1.无意识的人为失误

一般情况下,出现这一类型的网络安全问题会涉及以下几个方面的因素:其一是计算机系统结构本身或者内部的设置出现故障,其二是技术人员或者管理人员在操作上出现失误,其三是软件系统本身出现错误。如技术或者管理工作人员,在各自的工作中出现安全配置不恰当的情况下,就会造成整个系统的安全漏洞,同时,也会因为网络上用户自身缺乏安全意识,给计算机网络的安全带来威胁。

2.有意识的人为攻击

这一类型的恶意攻击通常是外部环境中的人找到了计算机系统中存在的漏洞,进而利用这一安全漏洞对计算机系统进行恶意攻击,也会有一些攻击者直接对计算机系统设备进行物理上的破坏。例如,攻击者可以利用计算机网络中的安全漏洞,将病毒传播到系统中,致使主机瘫痪。

(四)薄弱的认证环节

通常情况下,人们接触得最多的网络认证是口令的形式,实质上口令认证具有一定的薄弱性。这是因为有很多途径和手段,可以轻易地破解口令认证。一般情况下攻击者会将加密的口令进行技术上的解密,从而窃取口令,也有一些攻击者会通过网络通信渠道的形式窃取口令。现阶段无论是TCP(Transmission Control Protocol)服务还是UDP(User Datagram Protocol)服务,在正常的认证工作中,主要针对的目标就是主机地址,很多时候基本上不能实现针对用户的指定认证。基于这样的特性,同一个服务器上的管理员只能够信任某一台主机上的某一个特定用户,并且管理员需要授权给该用户对系统的访问权。

(五)系统的易被监视性

一般情况下,用户使用 Telnet 或 FTP(File Transfer Protocol)实现远程主机上账户的链接。如果这一过程中传输的口令不进行加密处理,攻击者就可以对其操作进行监视,然后截获用户的账号及口令,在获得之后,通过正常的渠道就可以登录到系统中。如果入侵者在这一过程中截获的账号和口令是管理员的,那么在登录系统之后,入侵者的访问级别和权限就会更高,访问也会更容易。

(六)易欺骗性

正常情况下,主机的地址会得到 TCP 服务的信任,也会得到 UDP 服务的信任,攻击者如果使用的是 IP Source Routing,他可以通过以下几个步骤,把自己假扮成被信任的某一服务器中的客户。

步骤一:攻击者需要将自己的 IP(Internet Protocol)地址转换为某一服务器中被信任的客户的 IP 地址。

步骤二:攻击者需要构建出一条路径,这条路径涵盖被攻击的服务器,也涵盖其他的主机,其中需要把某一服务器中被信任的客户作为通向其他主机服务器路径上的一个重要节点。

步骤三:当路径建成之后,攻击者需要以被信任客户的身份发出申请。

步骤四:一旦服务器接受客户的申请,就如同这名被信任的客户本身发出的申请一样,系统就会对这一申请做出相应的反应。

步骤五:攻击者可利用系统中给出的反应路径对路径中的主机进行攻击和入侵。

一般情况下,诸多 UNIX 主机会在接收到这样的申请后,将入侵者的数据包继续在路径上进行传输,最终会传输到入侵者指定的位置。

(七)有缺陷的局域网服务和相互信任的主机

与其他设备的管理相比,主机方面的安全管理存在一定的困难,而且在管理上需要花费很多的时间,所以在管理工作过程中,工作人员会降低管理要求。管理过程中会在一些站点增加 NIS(Network Information Service)和 NFS(Network File System)服务,这类服务能够以数据库为路径,体现出分布式管理的优势,并且在管理过程中可以实现文件的共享和信息数据的共享。对于管理主机的工作人员来说,能够在很大程度上减轻他们的工作总量。可是这样的管理形式和服务类型,也存在着一些不安全的因素,对于一些有经验的入侵人员来说,他们还是可以在这条路径上获得访问的权限。若是在主机的管理工作中,某一个中央服务器受到了攻击,会影响与它同时连接在一个路径上的其他系统,以至于中央服务器及整体系统都会受到不同程度的损害。

(八)复杂的设置和控制

主机系统的另外一个特征就是访问控制的配置难以验证,而且其配置结构异常复杂,所以入侵者可以利用偶然出现的配置错误来获取访问的权限。综上所述,计算机网络中很大一部分安全事故,之所以会出现,是因为入侵者能够发现在网络路径上存在的诸多薄弱点。从目前主机系统的结构来看,大部分的 UNIX 系统是以 BSD(Berkeley Software Distribution,伯克利软件套件)为主体从网络上获得的源代码,但获得 BSD 的源代码的难度不大,这就让入侵者能够利用这条路径上的缺陷或者是薄弱点来制造入侵主机系统的机会。计算机网络安全之所以会存在缺陷和薄弱点,是因为软件系统本身的结构非常复杂,不能在测试的过程中保证对于每一种环境都是安全的。

(九)无法估计主机的安全性

时至今日,对于计算机主机系统整体的安全性,依旧没有一个科学合理的方法能对其进行完整的评估。现阶段主机的数量在增加,路径中的站点也在增加,以至于在中央系统中无法保证每一台主机均处在安全级别较高的位置上。对比某一个系统的管理和中央系统的管理,在管理中央系统时比较容易出错,另外的一个因素就是,主机系统的管理决策一直在发生变化,而且在运行上是比较缓慢的,这就会让一部分系统的安全性要低于另一部分系统的安全性,而这些安全性比较低的系统就会致使整体的中央系统遭到破坏。

二、网络攻击类型

计算机网络的主要功能是传输信息,信息传输主要面临的威胁包括如下四类:一是截获,即攻击者在网络路径上,通过窃取别人的信息资源和通信内容来获得传输的信息;二是中断,即攻击者在用户通信的路径上,有意识地中断别人的行为;三是篡改,即攻击者在用户网络传输的路径上有意识地篡改用户传输的报文;四是伪造,即攻击者在用户使用的网络传输路径上伪造用户原有的传输信息。

当前网络安全的威胁主要体现在以下几个方面:①网络协议中的缺陷,如 TCP / IP 协议栈的安全问题等;②窃取信息,如通过物理搭线、监视信息流、接收辐射信号、会话劫持、冒名顶替等形式窃取通信信息;③非法访问,如通过伪装、IP 欺骗、重放、破译密码等方法滥用或篡改网络信息;④恶意攻击,如拒绝服务攻击、垃圾邮件、逻辑炸弹、木马工具等中断网络服务或破坏网络资源;⑤黑客行为,如由于黑客的入侵或破坏,造成非法访问、拒绝服务、网络钓鱼等;⑥计算机病毒,如利用病毒破坏计算机功能或破坏数据,影响计算机使用或破坏网络;⑦电子间谍活动,如信息流量分析、信息窃取等;⑧信息战,如利用破坏敌方的信息系统而展开的一系列作战活动;⑨人为行为,如使用不当、安全意识差等。

三、网络安全机制

(一)访问控制机制

访问控制的主要作用是抵御计算机系统中未经授权的用户非法占用系统中的信息和资源。访问控制这项服务,不仅有利于某一个用户,还能够为系统中的某一类型的用户提供服务,也能够确保用户在使用网络资源过程中的安全性。

(二)数据完整性机制

通常所说的数据完整性,实际上包括两个方面:一是数据单元的完整性,二是数据序列的完整性。

数据单元的完整性,通常是指某一个单元中某一个字段的数据没有被破坏、增加或者删除,也不存在被篡改的情况。通常情况下,数据单元的完整性涵盖的是具有数字签名的文件用某一函数形式,产生了一个可识别的标记,一旦数据被接收,该文件会以相同的函数形式进行处理,处理之后标记没有改变。

数据序列的完整性,指的是数据信息在发出去的时候被分割为某一序列形式,以编号的形式形成了许多个独立的单元。信息被接收之后,按照原来的序列,把接收到的信息逐一串联起来,最后串联起来的数据信息不存在某一单元的丢失、序号上的混乱、序号方面的重复、序号上的假冒等情况,这就意味着数据信息是完整的。

(三)数字签名机制

从数字签名机制的角度来看,现阶段计算机系统中需要解决的安全问题有以下四点:一是否认,指的是事后发送者不承认发送的文件是其发送的;二是伪造,指的是文件被某一个人伪造了,可是这个人会声称这份文件是他人发送的;三是冒充,指的是网络上这份被发送的文件是一个人以另外一个人的身份发出来的;四是篡改,指的是接收者在接收一份文件的时候,私自篡改了文件里面的内容。

目前来看,签名机制的特征有可证实性、不可否认性、不可伪造性、不可重用性。

(四)交换鉴别机制

所谓的交换鉴别机制,指的是在交换信息的过程中需要双方将彼此的身份进行交换,从而进一步确定彼此的角色。现阶段在交换鉴别机制中,应用得较多的交换鉴别技术有下面三种。

第一种:口令。这种交换鉴别技术的方式是先由发送方说出自己的口令,这一口令是用来证明自己身份,而接收方需要通过发送方发出的口令来判断对方身份的真伪。

第二种:密码技术。无论是发送方还是接收方,他们都各有一对密钥。接收方一旦接收到已经加密处理过的信息,就可以先使用自己的密钥来解锁接收到的文件,然后确定文件的来源,也就是说发送方所拥有的密钥是与自己的相匹配的。一般情况下,密码技术需要与多方技术相结合,其中包括时间标记同步时钟、多个握手协议、数字签名及第三方公证等。多项技术结合在一起之后才能形成密码技术,而后才能够用于身份的验证。

第三种:特征实物。常用的有IC卡、声音频谱及指纹。

(五)公证机制

互联网上有这么多人,很难相信谁或谁都不相信。一些网络故障和缺陷也可能导致信息丢失或延迟。为了避免事后的混淆,可以找一个大家都信任的公证机构,当事人之间交换的信息会通过该公证机构进行转移。公证机构从传递信息中提取必要的证据,将来发生纠纷时,可以进行仲裁。

(六)流量填充机制

所谓的流量填充机制,指的是在流量分析上提供的保护措施。入侵者一般是从外部攻击,在很多情况下他们可以根据数据交换过程中产生的一些变量,来提取出对入侵系统有利的信息,如数据交换过程中的外观、数量、频率等因素。通常情况下,攻击者主要的关注点是信息数据在交换过程中数量的变化,如果数量突然变化,那么这一信息传输的途径中会有一些利于攻击系统的资源。

应用流量填充机制之后,就会将数据信息传输过程中的流量维持在一个恒定的区域内,所以外部的入侵者无法通过数据信息传输过程中产生的流量变化来截取任何路径上的薄弱点。另外,流量填充机制还能够随机生成信息数据,也能够对这些数据进行加密处理,然后在网络中安全地进行传输。

(七)路由器控制机制

所谓的路由器控制,指的是在既定的网络范围内,既定用户可以使用网络来发送数据信息。以路由器控制的形式,用户可以对范围内的网络结点和路径上的结点给予极大的信任,以此来保证用户在传输信息数据的过程中得到最大化的安全性保障,以保护用户的数据信息不会受到外部入侵者的破坏。另外,若是用户的信息数据传输并没有按照指定的路径去发送,而是进入了没有安全标志的网络,那么在信息传输的过程中,网络管理员完全可以自主决定拒绝传输用户的数据包。

四、建立主动防御体系

(一)主动防御,应对下一代安全隐患

21世纪以来,随着企业对网络的依赖性日益增加,基于网络平台的拒绝服务(Denial of Service,DoS)攻击,由蠕虫、病毒木马程序相结合的混合攻击,广泛出现的系统漏洞攻击、黑客攻击和Turbo蠕虫等安全威胁也日益泛滥,且传播速度也加快到以分计,原有的以人工防御为主的安全措施则逐步被淘汰,取而代之的是以硬件防护产品为主的自动响应防护工具。虽然自动响应的安全防护措施能够基本满足当前的网络安全需求,但不难看到,近年来日趋频繁地针对基础设施漏洞的破坏性攻击、由大规模蠕虫和DoS攻击导致的瞬间网络威胁及破坏有效负载的病毒和蠕虫,将成为下一代网络威胁的主体。安全威胁的传播速度也将提升到以秒计,这将对当前安全设备的自动响应能力提出全新的挑战。正是在这样的趋势引导下,为应对即将到来的下一代网络安全隐患,有必要提前进行部署,将业务网络的安全防护由现在的自动响应升级为主动防御。只有这样,网络安全防护才能在与安全威胁的时间赛跑中占据领先的地位。

(二)深度渗透,打造综合防御体系

目前企业所面临的网络安全问题越来越复杂,安全威胁正在飞速发展,尤其是混合威胁,极大地困扰着用户,给企业的网络造成了严重的破坏。那么如何才能对企业业务网络进行最有效防护呢? 人们以往对安全防护产品的理解,存在"一夫当关,万夫莫开"的理想化观念。可是在未来网络安全技术的发展过程中,针对网络安全方面的防护,应该是一项综合防御体系。体系中将各个网络的业务模块进行深度融合,使其在系统内能够协同配合,以此来实现网络的安全防护。相关领域的一些专家已经提出,在经过多年的技术研究和发展之后,以MP技术、ASIC芯片技术为核心的硬件防火墙,会对网络安全防护起到一定的作用,其主要体现在安全防护、数据过滤等方面。虽然在某种程度上技术的发展能够实现网络安全防护,但是网络安全防护并不能仅凭防火墙来进行防御。

(三)进入全面防御时代

在传统意义上,大多数用户认为,仅凭借简单的防护产品,就能够确保网络的安全性,但当前网络安全危机和形式的复杂性更趋复杂。现阶段用户面对的安全威胁是多元化且全方位的,例如,用户会接收到多种类型的垃圾邮件,也会存在网络钓鱼的情况,甚至会存在恶意诈骗。针对现阶段的网络安全威胁诱因,最有效且最全面的防御就是积极地回应体系中各个网络模块和应用模块,能够从最大限度上确保整体系统结构的安全以可控性的状态存在。基于现阶段网络环境中混合攻击现象的存在,用户需要规避网络钓鱼、恶意欺诈及垃圾邮件等多方面的网络危害。用户在使用网络技术的过程中,需要充分考虑以下四个方面的问题,才能够对网络信息系统安全的整体架构有一定的了解。

第一,Web数据流的安全需要得到保护。从现阶段网络环境来看,在企业网络信息安全结构中对其产生威胁的切入点,很可能就存在于Web环节。那么相关人员就需要在Web安全网关上部署全面的过滤策略,这是最重要

的一项工作。需要关注的是,安全网关过滤指的并不是传统意义上的URL过滤。也就是说,如果企业用户在安全网关上部署的是URL过滤方案,可能还是会导致恶意的软件存在于企业的网络。因为URL过滤器的安全分类保护是静态的,而且这种静态只存在于某一个阶段,所以对于网络安全来说,URL过滤器并不能以全程、实时扫描对象的形式存在。

第二,针对电子邮件部署预防性的保护措施。在网络系统中,恶意的病毒越来越常见,其类型也越来越多元,那么,在传统意义上,能够传播病毒的途径(如电子邮件)还是需要优先保护的。从用户的角度来看,电子邮件预防性的保护措施应该以可扩展性的、多核心的技术为主,由此来发展这一领域的相关技术,从而有效抵御垃圾邮件。

第三,针对企业数据,做好预防丢失方面的措施。一些专家在接受媒体采访时均提出,现阶段大多数的木马程序在入侵系统时,主要就是扫描用户的硬盘,以此将用户的重要信息通过指定的途径发回给指挥控制中心,其中就包括用户的账号和密码等。那么如果确保用户的网络系统不被木马病毒入侵,是否意味着用户的数据永远不存在丢失的可能性?其答案是否定的,即使用户本身的网络系统并没有感染木马病毒,也会面临数据丢失的危险。究其根本原因,很可能是企业内部员工在操作上出现了失误。一些相关领域的研究人员,将研究的眼光放在外部威胁的防范上,他们认为只要对外部威胁进行有效防范,就能够抵御攻击者对网络信息数据的窃取,能够对企业中重要的信息起到保护作用。其实,还需要对路径中传输的通信数据进行扫描或者延迟审计,从而及时发现路径中传输的数据是否存在违反政策的现象。

第四,对重要通信进行有效跟踪。从企业防御系统的角度来看,一旦出现垃圾邮件数量倍增,网络钓鱼现象逐渐频繁,恶意软件欺诈攻击数量逐渐攀升的现象,那么就意味着企业网络信息系统的安全正受到威胁,这就需要相关网络管理工作人员对邮件系统进行有效的控制及必要的跟踪。以目前的信息技术手段来看,完全能够对企业电子邮件信息数据进行全程实时的跟踪,这一新技术趋近于现阶段的物理包裹速递技术。

第三节 计算机网络安全模型与体系结构

一、网络安全模型

(一)PPDR 模型

美国国际互联网安全系统公司提出了一种名为 PPDR 的模型。这一模型可适用于动态的网络,是一种安全模型。此模型的构建基于四个主要的组成模块:一是策略,二是防护,三是检测,四是响应。这四个模块使 PPDR 模型形成了一个比较安全的循环,具有完整性和动态性的特征,基于策略的指导,就能够确保网络系统处于安全的状态。

(二)APPDRR 模型

在 PPDR 模型中,我们能够看出网络安全的动态性特征,这一模型也能够很好地将这一动态性特征呈现出来。可是 PPDR 模型不能够将网络安全的动态螺旋上升的过程充分地体现出来。基于这样的现状,相关研究人员对 PPDR 模型进行了改进和创新,在 PPDR 模型的基础上构建出 APPDRR 模型。在这一模型中工作人员将网络安全分为六个模块,包括评估模块、策略模块、防护模块、检测模块、响应模块及恢复模块。

以 APPDRR 模型为核心,对网络安全进行风险评估是最为重要的一个环节。风险评估之后,就能够对网络安全系统中可能存在的风险信息有一个明确的了解。策略模块是 APPDRR 模型中第二个比较重要的结点,策略模块自身的作用是承上启下、衔接评估和防护。策略模块之所以有这样的作用,是因为网络安全中的安全策略是以风险评估结果为核心的,按照网络安全系统中实时的安全需求,不断做出变化与更新。另外,网络安全中的安全策略是网络安全工作的核心,也具有非常明确的原则性。对整体的网络安全工作来说,该模块占据指导性地位。在 APPDRR 模型中,其余的模块都会在每一个网络安全工作的环节上起到各自的作用。需要注意的是,这些模块必须基于相应的安全策略,才能有效地开展。

二、ISO／OSI安全体系结构

(一)安全服务

1.身份验证服务

所谓的身份验证服务,是为了能够确保通信身份的真实性,在具体的验证服务过程中,以通信路径为基础,对实体数据信息来源进行身份验证,以此能够得到用户的身份验证。通过身份验证服务,要让信息的接收方明确信息数据是来自发送方(真实存在的实体),并不是外部非法入侵的用户发来的虚假信息数据。

(1)对等实体鉴别

实体的对等鉴别是指在数据交换连接的过程中,为用户提供实体的对等鉴别服务。这项服务需要做的工作就是对路径上已经连接的独立实体或者多个实体进行身份验证,以证明参与数据信息传输的实体所发送的信息是真实的,而实体所用的身份也是真实的,这样就能够防止假冒身份的出现。

(2)数据源鉴别

数据源进行鉴别时,数据源鉴别服务是通过数据单元、信息数据的来源进行逐一确认,并且在接收方接收到信息数据之后,向接收方提供信息数据单元的来源地址。数据源鉴别服务的缺陷是不能有效地防止重播或者对数据单元进行恶意的篡改。

2.访问控制服务

访问控制服务涵盖两方面的内容:一是身份验证,二是权限验证。访问控制服务的主要作用是针对术被授权的用户,拒绝其访问应用系统中的信息资源。访问控制服务针对的信息资源类型非常广泛,可以在通信资源中使用,也可以在信息资源的读写中使用,还可以在执行进程资源的过程中使用。也就是说,只要涉及资源的访问,就能够使用访问控制服务,对资源信息进行保护。

3.数据保密性服务

所谓数据保密性服务,是为网络系统中的信息数据提供保密性服务,从而有效减少信息数据在交换的过程中,因非法访问行为导致的信息被拦截、被泄露的情况发生。另外,非法入侵者也可以通过观察信息流的形式来窃取网络信息路径上的传输信息。若是增加数据保密性服务,就可以减少这种情况的发生。数据保密性服务的主要功能是保护路径上传输的数据信息不被攻击者非法使用和拦截。数据保密性服务从功能上可以分为以下几种。

(1)连接保密性

在同一个路径或在同一个连接上,能够对传输的所有信息数据进行保护。

(2)无连接保密性

为单个无连接的N-SDU(第N层的服务数据单元)中所有用户数据提供保密性。

(3)选择字段保密性

为一个连接上的用户数据或单个无连接的N-SDU内被选择的字段提供保密性。

(4)信息流保密性

在网络系统中,一些信息流可以通过观察分析出其中所涵盖的重要信息数据,那么信息流保密性就是对这些可观察的信息流进行一种有效保护。基于这种保护手段,能够使可观察的信息流不受到攻击者的窃取和截断,致使攻击者无法通过观察信息流而获取有关信息的频率、长度、信息源等一些重要的特征。

4.数据完整性服务

数据完整性服务并不会更改正常的数据段(包括修改、删除、插入),这样的保障性服务能够有效保证数据信息在传输与交换过程中不出现丢失的情况。从类型上来看,数据完整性服务分为以下五种,这五种情况可以基于用户的不同需求和传输过程中的不同情况,提供多元化的数据完整性服务。

(1)带恢复的连接完整性

带恢复的连接完整性能够确保路径上所有用户所传递的信息数据都能够得到完整的保护,并且能够实时检测数据在交换的过程中是否存在被修改、被插入及被删除的情况。如果出现以上某一种情况,那么该项服务能够及时进行数据信息方面的恢复。

(2)不带恢复的连接完整性

不带恢复的连接完整性与带恢复的连接完整性的差别仅在于不提供恢复功能。

(3)选择字段的连接完整性

选择字段的连接完整性为传输路径上用户的信息资源提供数据内选择字段完整性的保护,其主要功能是能够对选择字段内的信息资源进行检测,查看在信息资源交换和传输的过程中是否存在被修改、被插入及被删除的情况。

(4)无连接完整性

无连接完整性是针对独立无连接的数据服务单元提供的完整性。服务就是指以某种特定的形式检测在数据服务单元中接收到的数据信息是否存在已经被修改的情况。在必要的情况下,还能够对服务数据单元接收到的信息是否存在连接重放这一情况进行检测。

(5)选择字段的无连接完整性

选择字段无连接完整性是针对独立无连接的数据服务单元,提供选择字段内的完整性保护服务。在必要的情况下,会以特定的技术形式对该选择字段内的信息数据进行检测,查看信息数据是否存在被修改的情况。

5.不可否认服务

通常情况下不可否认服务的主要作用是,在发送方完成数据发送之后,可能会存在否认自己发送信息这一行为,不可否认服务就会有效阻止这种情况的发生,并且在接收方接收到发送方的信息数据之后,也不能否认对接收到的信息数据进行伪造等一系列的恶意行为。不可否认服务分为以下两种。

（1）具有源点证明的不可否认服务

在数据接收方接收到数据信息之后,不可否认服务能够提供信息员的证明协议,以此有效阻断信息发送者在数据发送成功之后任何行为上的否认或者数据篡改的行为。

（2）具有交付证明的不可否认服务

不可否认服务会将交付证明提供给数据传输者,以此有效防止信息数据的接收者在成功接收数据之后进行任何形式上的数据篡改和数据否认的不良行为。

（二）安全机制

ISO／OSI安全体系结构涵盖了八个不同类型的安全机制:加密机制、数据签名机制、访问控制机制、数据完整性机制、认证机制、业务流程填充机制、路由控制机制、公证机制。

1.加密机制

这一机制能够从最基本的角度来保护数据的安全性。在安全体系的整体结构中,依据数据所在的层次,对其进行加密处理,根据主要加密对象的类型,采取不同的加密机制和加密手段。

2.数据签名机制

这一机制能够从最基本的角度来保护数据的真实性。在安全系统的整体结构中,如果想要对用户的身份实现有效的认证,对消息的来源进行检验,那么就可以通过数字签名机制有效地解决双方发生的纠纷。

3.访问控制机制

这一机制的主要作用是,在信息传输的过程中,判断用户对网络系统的访问是否合法,这需要主体来进一步进行检验。如果存在未经授权或者非法对网络系统进行访问,那么检测到的这一对象就会在访问控制机制的作用下被拒绝访问,同时会以记录日志的形式发出警报。

4.数据完整性机制

数据的完整性遭到破坏,基本上是由以下几种原因导致的:①信息数据在传输过程中受到了信道干扰,以至于信息数据出现了错误;②在信息数据的传输或者存储的过程中,被非法的攻击者进行恶意的篡改;③计算机网络数据信息系统受到了病毒的入侵,以至于程序和数据受到了感染。那么就需要实施纠错编码及差错控制等多元化的技术手段,对信息数据的完整性进行有效保护。

5.认证机制

这一机制在计算机网络系统中存在的形式有用户认证、消息认证、站点认证及进程认证。在认证机制中能够应用的相关手段有:①已知信息;②共享密钥;③数字签名;④生物特征。

6.业务流程填充机制

外部的恶意攻击者会对传输路径上某一段的信息流量进行观察和分析,并通过信息的流向来进一步断定事件的发生,这种攻击会对计算机网络信息的安全造成很大威胁。为了能够抵御外部攻击,传输路径上一些关键站点在不传输正常信息的时间段内要确保随机性数据资源的传输,这样可以扰乱外部攻击者的视线,使攻击者无法判断传输过程中哪些数据资源是有效的,哪些数据资源是无效的,最终会使攻击者对信息流的分析做出错误的判断,从而使其攻击无效。

7.路由控制机制

以大型的计算机网络结构来看,在信息数据的传输过程中,源点与目的地之间会有很多条可传输的路径,在这些路径中有一部分路径的安全性能够得到保障,而另一部分路径的安全性是不能得到保障的。合理地使用路由器控制机制,就能够以信息资源传输者的申请为依据,为其选择安全性较高的信息传输路径。

8.公证机制

实际上,我们无法判断计算机网络结构中每一个用户自身的诚信度是否都是良性的,或者可信的。那么,在计算机设备一旦出现技术性故障时,就极易产生信息资源丢失、信息传输延迟这一类型的问题。因此,就很容易引起用户与用户之间产生责任上的纠纷。基于这样的问题,就需要构建第三方的公证仲裁,这样就能够取得所有用户的信任。公证机制中,仲裁数字签名技术就是常用的一种非常有效的技术支持形式。

(三)安全管理

安全管理意味着安全政策可以在ISO／OSI安全体系结构中得到系统性的实施,实施的对象是整个安全系统结构和信息网络。安全管理从结构上可以分为系统安全管理、安全服务管理、安全机制管理。

1.系统安全管理

系统安全管理涉及对安全系统结构整体安全环境的有效管理,其中包含不同的管理形式。第一,对总体安全策略进行有效管理;第二,对信息的安全交换、服务的安全管理、机制的安全管理这三个方面产生的交互作用进行有效管理;第三,对安全事件进行有效管理;第四,对安全审计进行有效管理;第五,对安全恢复进行有效管理。

2.安全服务管理

安全服务管理涵盖特定安全服务方面的管理,细化这一部分的管理工作主要从以下几个方面入手。首先,基于某种安全服务去定义其安全目标。其次,对指定的安全服务实施对应的安全机制。然后,以适当的安全机制管理来调配所需要应用的安全机制。

3.安全机制管理

安全机制管理涵盖特定安全机制方面的管理,包括密钥管理、加密管理、数字签名管理、访问控制管理、数据完整性管理、鉴别管理、业务流填充管理。

第四节 网络安全等级

可信计算机系统评估准则(TCSEC)从网络安全的角度对诸多方面都提出了极强的规范性要求,包括用户登录、授权管理、访问控制、审计工作、通道分析、可信通道建立、安全检测、生命周期保障、文本写作、用户指南。而后,TCSEC从安全策略、安全功能的角度出发,将网络安全系统分为A、B、C、D四个类别,其中涵盖七个安全级别。具体如表1-1所示。

表1-1 网络安全等级

类别	级别	特性
D	D	所属这一类别就意味着自身的安全级别处于最底层,这一级别得到的保护措施非常少,若处于这一级别,就证明不存在任何保护功能
C	C1	所属这一级别就意味着能够做到自主安全保护,也就是说在这一级别中,能够将用户和数据实施有效分离,对数据实时保护,是基于用户组这一单位形式的,对数据能够实现自主存取和自主控制方面的保护
	C2	这一级别属于受控访问,所属这一级别就意味着在实施资源隔离的过程中主要的登录形式是审计安全性相关事件的登录以及规程的登录
B	B1	这一级别属于标记安全保护级。所属这一级别就可以针对网络安全系统中的信息数据资源进行有效的标记,还可以针对已经被标记的主体或者客体,实施强制性的存取方面的控制
	B2	这一级别属于结构化安全保护级。所属这一级别就能够以安全策略模型为核心,针对网络信息系统中存在的主体、客体实施自主访问以及强制访问上的控制管理
	B3	这一级别属于安全级,能够满足访问监控器的各项需求。所谓的访问监控器,指的就是监控器中的主体与客体二者之间的授权访问关系。这一级别还包括安全管理员职能以及扩充审计机制。一旦出现相关安全方面的突发事件,就会及时发出信号,并且为信息资源数据提供数据恢复方面的技术支持
A	A	这一级别的具体功能类似于安全级,二者不同的是,这一级别在特点上更倾向于数学方法和正式的分析。在这一级别中,能够将某一网络系统中安全策略、安全规则之间的一致性、完整性体现出来

从某种程度上讲,TCSEC对国际计算机安全工作的评估研究起到了推动作用,以至于西欧的四个国家在20世纪90年代联合出台了关于信息技术安全评估的相关标准(ITSEC)。ITSEC在TCSEC相关的经验基础上,构建出关于信息安全的一系列概念,并且在这一概念中突出其保密性、完整性和可用性。至此,可信计算机相关概念的高度又得到了再一次升华,转变为可信计算机技术。

基于这样的情况,美国急于展现其自身在准则制定方面的优势,并不甘心TCSEC的影响力被ITSEC所取代。随后美国与其他国家联合制定了新的评估准则,以此来突出TCSEC的领导作用。1991年1月,通用安全评估准则相关的制定进入具体的实施阶段。这一计划得以实施的基础是:①欧洲的ITSEC;②美国的包括TCSEC在内的新的联邦评估标准;③加拿大的CTCPEC;④国际标准化组织ISO:SC27WG3的安全评估标准。

《计算机信息系统安全保护等级划分准则》是由我国公安部组织制定的,并通过国家质量技术监督局的审查,于1999年9月13日批准发布。自2001年1月1日起执行该项政策,以《计算机信息系统安全保护等级划分准则》为指导,我国将计算机信息系统安全保护分为五个等级。

第一级:用户自主保护级。由用户来决定如何对资源进行保护,以及采用何种方式进行保护。

第二级:系统审计保护级。本级的安全保护机制支持用户具有更强的自主保护能力,特别是具有访问审计能力,即能创建、维护受保护对象的访问审计跟踪记录,记录与系统安全相关事件发生的日期、时间、用户和事件类型等信息。

第三级:安全标记保护级。这一级别的功能涵盖了第二级中的所有功能,在此基础上针对访问者和访问者所提出的访问需求,可以实施强制性的访问控制。通过对访问者和访问对象指定不同安全标记,限制访问者的权限。

第四级:结构化保护级。将前三级的安全保护能力扩展到所有访问者和访问对象,支持形式化的安全保护策略。其本身构造也是结构化的,以使之具有相当的抗渗透能力。本级的安全保护机制能够使信息系统实施一种系统的安全保护。

第五级：访问验证保护级。这一级别涵盖了第四级的所有保护功能，并且在此基础上，访问验证保护级还具有仲裁能力，能够判断系统中的访问者是否对所需要访问的对象有权限。基于这样的特征，本级的安全保护机制不能被攻击和篡改，具有极强的抗渗透能力。

第三章 网络安全的现状

第一节 开放网络的安全

计算机网络系统的共享性、扩展性、高效性非常显著,所以其在我国各个领域得到了广泛的应用,如国防领域和科技领域等。也正是由于计算机网络系统这些显著的特征,其自身的网络安全也表现出一定的复杂性。从安全保护方面来看,计算机网络系统本身也具有非常明显的脆弱性。

一、开放系统的基本概念

在开放系统中应用的是国际化标准,那么在不同的系统互联的过程中,只要应用统一的国际化标准,彼此之间就不存在障碍,这就意味着可以构建出开放性的网络环境。开放系统互联的标准是由国际标准化组织制定的。开放系统互联主要研究的是不同开放系统之间信息资源通信的准则和标准。

开放系统互联的构建基于两个步骤:第一,开放系统互联的基本元素要进一步研究,并确立其组织和功能;第二,在基本元素有效研究的基础上构建开放系统互联的基本框架,并进一步详细描述开放系统中的各项功能,最终构建出该系统中各项服务功能及相关协议。

二、开放系统的特征

开放系统的本质特征是系统的开放性和资源的共享性。系统的开放性是指系统具有包含各种硬件设备、操作系统和接入用户的能力。资源的共享性是指系统有能力将资源提供给不同的用户免费使用。互联网自身的结构特征是开放性极强,且在使用的过程中,不会向用户提供保密服务,那么这样的特性就会赋予互联网以下几项特征。第一,互联网可以被看作是一种无中心的网络形式,其自身的再生能力是非常强的,如果在运行或者使用的过程中,网络系统遭受局部的损坏,也不会对互联网的整体系统运行造成很大的影响。第二,在互联网中能够实现多元化的业务形式,如多媒体通信、移动通信等。通过互联网可以实现以信息通信为核心的一场革命,其中包括电子邮件信息资源传输、全球化信息浏览、移动通信及多媒体通信等,这些在人们的日常生活与工作中都占据极其重要的位置,也发挥着很重要的作用。第三,互联网可以分为两种形式,分别是内网和外网。以安全保密的视角进行分析,互联网安全主要指的是内网中的安全机制。所以,安全保密体系构建在内网安全保密技术之上,通过防火墙技术隔离内网与外网,以保证内网的安全。第四,互联网用户以个人为主。个性化通信是通信技术的发展方向,它推动了信息高速公路的发展。

三、OSI 参考模型

在开放系统的基础上制定出的 OSI 参考模型,其中主机之间的通信过程可以划分为几个不同的层次,分别是物理层、数据链路层、网络层、传输层、会话层、表示层及应用层。在这几个层次中,每一个层次在交换信息的时候,只与其相邻的上下两个层次进行通信交换。通过不同层次间的分工与合作来完成任意两台机器间的通信。因此,针对开放系统进行研究时,需要注意的内容有:第一,将研究的视角放在开放系统中的基本元素上,而后确定这些元素相应的组织结构及各自的功能;第二,基于前面的研究工作,形成开放系统的基本框架,而后对开放系统整体的结构和功能进行深入的描述。

(一)OSI 的层服务

1. 物理层

物理层是 OSI 结构的底层,负责描述联网设备的物理连接属性,其中包含不同机械特性的相关规定、电气设备的相关规定及各功能的规定。例如,结构中连接器的具体类型和尺寸,以及插脚数目、功能等主要项目,还有网络的速率和编码方法。从另一个角度理解,物理连接是完成比特流的透明传输,即用来确保发送出一个"1",接收到的也是一个"1",而不是"0"。这里信息流的单位是比特,而不是字符或由多个字符构成的块或帧。物理层不仅需要负责物理连接的建立和维护,还需要管理物理连接的撤销。

2.数据链路层

连续数据流是由网络层输出到数据链路层的,在数据链路层被组装成帧,再依次把这些连续数据流发出去,之后会进一步处理确认帧的接收。这样一个过程就能够保证在任何通信路径与条件下,数据链路层都可以与上下相邻的两层形成具有高度可靠性的一条传输线,并且连续数据流在传输过程中不会出现任何差错,从而确保数据通信的正确性,这也意味着网络系统的数据通信质量会得到一定的提升。

3.网络层

数据链路层在相邻的两台主机之间发送数据,当数据包可以通过不兼容的网络生成大量问题时,这些问题需要网络层来解决。网络层服务独立于数据传输技术,为网络实体提供继电器和路由方案,同时为高级应用程序提供数据编码。网络层最重要的作用是将来自源主机的数据包发送到目标主机。如果从物理层的角度来分析两台主机,那么有可能这两个主机不是相邻的,甚至它们不会在同一个局域网络中,也有可能两个主机分别在任意不同的两个网络中。数据包在网络层的传输过程中,网络层会根据传输目标主机地址来选择恰当的传输路径,确保数据包能够传输到目标主机中。如果数据包在传输的过程中进入与其自身不兼容的网络,不兼容的信息将进行必要的转换。

OSI不仅提供无连接的网络层服务,还提供面向连接的网络层服务。无连接服务是一种用于传输数据和识别的数据包据报协议,没有错误检测和纠正机制,而是把错误交给传输层处理;面向连接的服务为传输层实体提供建立和撤销连接及数据传输的功能。

4.传输层

传输层在计算机网络信息体系中的作用是,在会话层接收到需要传输的信息数据,然后将这些信息数据通过既定的路径传送到网络层,以此来确保数据在传输的过程中能够通过正确的路径抵达目标主机。这样高层应用就不需要关心数据传输的可靠性和成本。传输层在数据信息传递的过程中能够以端对端控制的形式提供信息交换,从而使系统与系统之间的数据传输变得更加透明。传输层是第一个真正的端到端层。

5.会话层

会话层以不同类型的控制机制为主,可以在不同的主机上为用户之间构建不同的会话,这种会话可以使用户远程登录。控制机制包括统计、会话控制和会话参数协商。会话层可以结构化应用进程之间的会话机制,而基于结构化数据的交换技术允许以单向或双向的方式传输信息。

6.表示层

表示层独立于应用程序进程,一般是在相邻层之间传递简单信息的协议。由于相邻层之间的数据表示存在差异,因此需要通过表示层使用户根据上下文完成语法选择和调整。例如,不同的主机以不同的方式对字符串进行编码,为了便于具有不同代码的主机之间进行信息交换,必须将要传输的信息转换为两台主机都能理解的标准编码格式。

7.应用层

应用层的主要目的是满足应用需求,包括提供进程间通信的类库方法,提供建立应用协议的一般过程和获取服务的方法。应用层包括许多常用的协议,所有的应用进程都使用应用层提供的服务。应用层可以解决两个典型问题:一是解决终端类型不兼容问题,二是文件传输问题。

OSI七层协议模型中,最低的两层处理通过物理链路连接的相邻系统,也称为中继服务。通过链路连接的一组系统,可以理解为每次到达下一个相邻系统时完成一次中继。这时需要删除协议控制信息,增加一个新的数据报头来控制下一个中继。网络层处理网络服务,其作用是利用系统间的通信来控制所有系统的协作,并在所有系统中得到体现。最高三层完成端到端服务,由于不涉及中继系统,因此一般只用于端系统。实际上,第四至七层的控制信息在中继过程中不会由中继系统改变,而将直接以其原始形式发送给对应的端系统。

(二)通信实例

下面通过典型的 OSI 通信模式和对等通信模式来加深对 OSI 参考模型的理解。

1.OSI通信模式

假设一个客户端应用程序在本地计算机上运行,那么该应用程序需要与远程联网的一台计算机建立会话,这样才能够提供远程服务。在这一过程中,通信会话的启动是基于客户端的应用程序,对应用程序连接请求的调用。在应用层初始化之后需要构建出与表示层的有效连接,这样就可以建立服务数据单元。服务数据单元是以请求原语的发送为基础构建出来的。接下来,服务数据单元会经过请求原语,被发送到会话层。在这一层中,会有与其相匹配的协议和会话标识,对应用层提出的需求给予服务。

另外,远程计算机,也就是通信目的地,需要得到会话层的进一步确认。会话层会将传输层的请求发送到传输层,这样就能够有效建立与远程系统的连接。然后,传输层请求设置自身所需的远程服务类型,以及在传输过程中需要应用到的传输协议等。之后,需要传输层向远程系统与网络层发出建立连接的请求。通常情况下,网络层服务应该已经与自己近端的中继系统构建了链路连接。所以,可以假定,每一个层次相互之间都是有效连接的。最后,以链路层服务的形式将链接包通过网络层传递到远程系统中,当远程系统接收到来自网络层的链接包时,就会将传输层服务调出来,由此给出响应,这样就会有效建立传输层的链接。

一旦确定远程系统具有可用性,那么就要进一步确认是否已经建立传输层,随后需要将信息传输到本地客户端的计算机中。因此就可以确定两个系统在传输层的基础上有效建立连接路径。

传输层请求继续通过会话数据单元与远程计算机服务进程建立连接。我们可以在本地计算机会话层中看到会话数据单元。在会话数据单元中存在会话标识,一旦会话标识确定表示通信之后,就会有表示层将会话连接指示发送出来,这一指示包括客户端与客户端自身发出的应用程序的需求。在这一过程中能够将应用进程和应用层的连接有效建立起来,进而就会以相应的形式作为响应原语的应用程序,并且这一程序会被发送到应用层,这一过程涉及链接上的每一个细节。在远程系统中,会以每一个不同的层次为核心,为其增设扩展接口。那么在接收消息的时候,就需要对每一层进行逐一确认,并且连接成功时做出及时响应。

应用连接确认消息是由应用层传输到客户端进程的。应用连接确认消息成功传输之后,就可以进行实时信息数据资源的传输。实际上,信息资源的传输是以物理层为核心的。物理层在远程服务器中会把接收到的信息数据资源实时传送给数据链路层。当数据传送结束之后,这一层就会去除数据头,然后把数据单元中的数据内容逐一传输到网络层。这一过程需要逐层实现,直到所有的数据全部被传输到服务器中的应用程序上。这一传输过程就意味着客户端与服务器端二者之间的数据信息传输已经完成。在数据信息传输结束之后,需要断开连接。

2.对等通信模式

对等通信遵循以下原则。通常情况下,某一层的通信会比前一层通信呈现出更独立的特征。在对等通信模式中,对等通信的协议均是由每一个层次自行提出的。如果一个数据包在对等通信模式中的某一层次进行传输,那么就需要增加数据头,在数据头中需要涵盖协议控制信息。封装产生的数据包,可以称作有效负载,也可以称作协议数据单元。若数据格式已设置成功,则与其相对应的服务数据单元也被建立,而信息数据就会在下一层服务接口上进行传输。

四、TCP/IP协议

TCP/IP协议,即传输控制协议和网际协议,是互特网的核心协议。随着互联网的普及,TCP/IP协议已经得到了广泛的应用。

(一)TCP／IP协议简介

TCP／IP协议开发的最初目的是实现网络和应用的兼容性,实现异种网络、异种机器之间的互联。最初,TCP／IP协议主要用于Arpanet(因特网的前身)和Sanet的连接。

TCP／IP是网络中基于软件的通信协议,实质上是因特网上一系列软件协议的综合,不仅提供远程登录、远程文件传送、电子邮件等网络服务,而且提供网络故障处理、传送路径选择和数据传送控制等功能。下面是TCP／IP中一些常用的基本网络协议。

网络层包含:因特网协议(IP)、因特网控制报文协议(ICMP)。

传输层包含:传输控制协议(TCP)、用户数据报协议(UDP)。

应用层包含:远程登录、文件传输协议(FTP)、简单邮件传输协议(SMTP)、域名系统(DNS)、抽象语法、网络文件系统(NFS)。

在传输层中,不仅包含了传输控制协议,而且包含用户数据报协议。二者之间的差异:传输控制协议主要针对的对象是面向连接的协议;用户数据报协议针对的对象是无连接的协议。在我们常用的远程登录、文件传输协议及简单邮件传输协议中均是以连接协议为核心。

与OSI参考模型不同,TCP／IP不是人为制定的标准,而是产生于网络研究和实践应用中。稍做修改后,OSI参考模型也可用于描述TCP／IP协议,但这只是形式而已,二者内部细节的差别很大。

两种分层结构的比较:第一,OSI参考模型在各层的实现上有所重复,而且会话层和表示层对很多服务都没有作用;TCP／IP在实现上力求简单高效,如IP层并没有实现可靠的连接,而是把它交给了TCP层实现,这样就保证了IP层实现的简练性。事实上,有些服务并不需要可靠的面向连接服务。第二,OSI参考模型是人们作为一种标准设计出来的,并没有得到广泛的应用支持。TCP／IP结构经历了十多年的实践检验,有广泛的应用实例支持。

(二)TCP／IP协议结构

第一层代表了硬件所提供的所有协议,其范围从媒体接入到逻辑链路控制。可以假设这一层包括了任何分组传送系统,只需IP就可以传送报文。

第二层是地址解析协议(ARP)和反向地址解析协议(RARP)。当然,不是所有的机器或网络技术都要使用它们。ARP常用于以太网,而RARP一般用得较少。

第三层是IP协议、因特网控制报文协议及互联网组管理协议。应当注意的是,IP是唯一的横跨整个层的协议。所有的低层协议都把信息交给IP处理,所有的高层协议也必须使用IP向外发送报文。IP直接依赖于硬件层,因为在使用ARP绑定地址后,它需要使用硬件地址或接入协议来传送报文。

TCP和UDP构成传输层。应用层显示了各种应用协议之间复杂的相关性。

(三)网络层协议

把数据包从源主机中发送出去,这就是网络层所具备的功能,而且在数据包的传输过程中,是以独立传输的形式输送到主机地址的。实际上,即使数据包是连续的,也会在传输的过程中遇到不一样的路径,所以数据包最终被传输到主机地址的顺序与时间可能会存在一些差异。这是因为网络系统中的情况非常复杂,每一条路径在数据包传输的过程中都有可能会遇到一些障碍,也有可能会因为路径上的数据包过多而产生传输上的拥堵。因此,网络层定义了网络上所有主机都能理解和正确处理的标准数据包格式和协议。

1.IP

每一台因特网中的主机都有一个唯一的IP地址。地址由两部分组成:网络号和主机号。所有IP地址都是32位。这些32位的地址通常写成四个十进制数,每个整数对应一个字节,这种表示方法称为"点分十进制表示法"。

平常使用的是 A、B、C 三类地址。A 类地址第一字节的最高位为 0,用来表示此地址为 A 类地址,因此 A 类地址只可以表示 1～126 共 126 个网络,每个网络有 224-2 台主机。0 和 127 则有特殊用处。B 类地址第一字节的最高两位为 10,C 类第一字节的最高三位为 110,用于表示是 B 或 C 类地址。因此,B 类地址第一字节的范围为 128～191,共可以表示 64×256(16 384)个网络,每个网络有 216-2 台主机;C 类地址为 192～223,有 200 多万个网络,每个网络最多有 28-2 台主机。D 类地址称为多路广播地址,即将主机分组,发往一个多路广播地址的数据包,同组的主机都可以收到。

有一些形式的 IP 地址是保留的。IP 地址 0.0.0.0 在主机引导时使用,其后不再使用;网络号为 0 的 IP 地址指同一个网络内的主机;主机号部分是全 1 的 IP 地址用于本网段内广播,使用正常的网络号,而主机号部分是全 1 的 IP 地址,用于向因特网中具有该网络号的所有主机广播;发向 127.0.0.1 的地址的数据包,会被立刻放到本机的输入队列里,常用于调试网络软件。

2.ICMP

ICMP 用来处理传输过程中在两台或两台以上主机间传送的错误信息和控制报文,并且允许主机间共享这些信息。

ICMP 对于诊断网络故障很重要,名为 Ping 的网络测试应用程序是最著名的 ICMP 实现。Ping 的用法简单,当用户 Ping 一个远程主机时,报文从用户机传向远程主机,然后这些报文再被传回给用户机。如果在用户端没有接收到回应报文,Ping 程序通常产生一个错误消息,指示远程主机关闭。

3.ARP

ARP 主要用于从互联网地址到物理地址的映射。在一个报文发送之前,它打包成 IP 分组报文或适合网络传输格式的信息块。这些分组报文包含了信源机和信宿机的 IP 地址。在这个数据离开信源机之前,必须发现信宿机的硬件地址。一个 ARP 请求报文以广播方式在子网上传送,这个请求被一个路由器接收,该路由器以请求的硬件地址作为应答,这个应答一旦被信源机捕获,传输过程便开始了。执行命令 ARP,可以看到 IP 地址和物理地址的一些对应关系。

4.RARP

RARP用来将物理地址映射成32位的IP地址。该协议多用于无盘工作站启动,因为无盘工作站只有自己的物理地址,还需要利用RARP协议得到一个IP地址。

(四)传输层协议

TCP(传输控制协议)是主要的互联网协议,它所完成的任务很重要,如文件传输、远程登录。TCP通过可靠数据传输完成这些任务。这种可靠传输能确保发送的数据以相同顺序、相同状态到达信宿。

传输层的另一个协议是用户数据报协议(UDP),当源主机有数据时就发送,不管发送的数据包是否到达目标主机,数据包是否出错,收到数据包的主机不会告诉发送方是否收到数据包,因此,它是一种不可靠的数据传输方式。

TCP和UDP各有优缺点。面向连接的方式可靠,但是通信过程中传送了许多与数据无关的信息,降低了信道的利用率,常用于一些对数据可靠性要求比较高的应用;无连接方式不可靠,但因为不用传输与数据本身无关的信息,所以速度快。

在一台主机上同时运行着多个服务器进程。当与这台主机通信时,不但要指出通信的主机地址,而且要指明是与这台主机上的哪个服务器通信。通常是用端口号来标识主机上这些不同的服务器。端口号是一个16位的数,因此,端口号可以从1一直编到65 535。

常用的应用程序都有自己保留的端口号,被称为"众所周知"端口号。IP地址连同端口号一起,提供了唯一的、无二义性的连接标识,这个连接标识叫套接字(socket)。TCP建立了一些常见的端口号,例如,Telnet使用端口23,HTTP协议使用端口80。

除了这些常见的端口号之外,0~1 023范围的端口号是保留端口,也就是说,有可能被未来的系统调用。而高于1 024的端口供个人程序使用,当然也提供给一些开发英特网网络应用的程序使用。

(五)应用层协议

TCP／IP应用层协议很多,下面介绍常用的Telnet、FTP、SMTP、HTTP、NNTP和SNMP协议。

Telnet是用得较多的一类应用层协议。它允许一台主机上的用户登录另一台远程主机,并在远程主机上工作,而用户当前所使用的主机仅是远程主机的一个终端(包括键盘、鼠标、显示器和一个支持虚拟终端协议的应用程序)。

FTP提供了一个有效的途径,将数据从一台主机传送到另一台主机,是文件传输的标准方法。文件传输有文本和二进制两种模式。文本模式用来传输文本文件,并实现一些格式转换。例如,UNIX系统中新行只有一个ASCII(0x0d),而DOS中新行由两个ASCII(0x0d,0x0a)组成,在传输中FTP要进行这种转换。当用二进制传输模式传输图像文件、压缩文件、可执行文件等时,则不进行转换。用户可以向FTP服务器传输文件,即上传文件;也可以从FTP服务器向自己所在的主机传输文件,即下载文件。

简单邮件传输协议(SMTP)使用默认的端口25,以电子数据的方式可靠、高效地传输邮件,不管相隔多远,邮件也可很快到达接收方的电子信箱。

超文本传输协议(HTTP)可能是所有协议中最著名的协议,因为它允许用户浏览网络,在WWW服务器上取得用超文本标记语言书写的页面。

网络新闻传输协议(NNTP)是用途最广的协议之一,它提供对新闻组(Usenet)新闻的访问。在RFC 977中对其目的的定义如下:NNTP是用于分布式系统的一种协议,它利用可靠的、基于流的新闻传输方式,在互联网世界中查询、检索和发送新闻稿。根据NNTP的设计,新闻稿被存储在中央数据库中,允许用户选择他想阅读的新闻文章,还提供对旧消息的索引、对照参考和舍弃功能。

简单网络管理协议(SNMP)是为集中管理网络设备而设计的一种协议,SNMP管理站可用SNMP从网络设备上查询信息,也可用来控制网络设备的某些功能。同时利用SNMP,网络设备也可以向SNMP管理站提供紧急信息。使用SNMP的主要安全问题是他人可能控制并重新配置网络设备以达到其目的。

(六)TCP／IP提供的主要服务

1.Telnet服务

Telnet是一种互联网远程终端访问标准。它真实地模仿远程终端,但是仅提供基于字符应用的访问,不具有图形功能。由于Telnet发送的信息都未加密,所以它并不是一种非常安全的服务,容易被网络监听。仅当远程主机和本地站点之间的网络通信安全时,Telnet才是安全的。这就意味着在互联网上Telnet是不安全的。

2.FTP服务

FTP是为进行文件传输而设计的互联网标准协议。通常使用的是匿名FTP,这使没有得到全部授权访问FTP服务器的远程用户,可以传输被共享的文件。使用匿名FTP时,用户可用"匿名"用户名登录FTP服务器,通常情况下要求用户提供完整的E-mail地址作为响应。

无论采用什么方法,要保证能往匿名FTP路径下存放文件的任何人都知道,不要把机密文件放在外人可读的路径下。匿名用户获取到不应见到的文件,通常是由于内部客户将文件放在匿名FTP区。

FTP服务器提供如下适用于匿名FTP服务器的功能:①可记录装载、下载或传送每个命令的完善日志;②当用户访问某个路径时,可为用户显示关于路径内容的有关信息;③能对用户分类;④可对某类用户加以限制,从而调整FTP服务器的负荷;⑤具有压缩、打包和自动处理文件传输能力;⑥非匿名chroot访问。

当非法传播者发现一个新站点时,一般是建立一个隐蔽路径来存入他们的文件。他们给路径起个隐蔽的名字,使得例行检查匿名FTP区时很少被注意。

怎么才能保护匿名FTP区不受此类滥用的干扰呢? 下面介绍几种

方法:

(1)确保FTP的入站路径只可写

如果使用UNIX机作为堡垒主机,方法是使"入口"路径只可写(路径权限为773或733,也就是rwxrwx-wx或rwx-wx-wx),确保这个路径的所有者为某个用户而不是"FTP"(也不是当执行匿名FTP时匿名FTP服务器上运行的其他协议)。如果状态是773而不是733,那么要确保这个路径的组号是其他某个组而不是默认的"FTP"登录组。

(2)取消创建子路径和某些文件的权限

用户可以通过配置文件或修改服务器源代码来取消在匿名FTP服务器上构建具有特殊字符的路径和文件的权限。这种方法不是阻止人们将数据上传到可写路径,而是使人们更难隐藏文件或逃避管理人员的监管。

(3)预定装载

通过建立隐含的可写子目录在装载文件与路径之间预先安排,仅当用户知道秘密的、像口令一样难猜的路径名时才可往可写路径装载文件,而攻击者看不到这些子目录,所以无法知道有哪些地方可作仓库用。如有需要,可以建立任意多个这样的秘密子路径,并可随时改名、删除。如在站点建立FTP工作区顶层索引,应该确保索引文件中不含这些秘密路径。

(4)及时转移文件

把上传到可写路径下的文件及时转移到另外一个只有特权用户才能看到的地方,然后删除可写区下面的文件,防止文件未经检查而被转移。转移时要注意处理同名文件的问题。被转移的文件只有经过重新检查,才被允许放到公用路径下供他人下载。

3.电子邮件服务

电子邮件是基本的网络服务之一,危险性相对小些,但也有风险。例如利用假邮件骗取用户口令,或用邮件炸弹造成拒绝服务。有了MIME格式的电子邮件系统,电子邮件就能够携带各种各样的程序,这些程序运行时无法控制,有可能会破坏系统或偷窃信息,是人们最担心的一种危害。

UNIX 系统中最常用的 SMTP 服务软件是 sendmail。由于 sendmail 程序的复杂性,任何一个版本都存在相应的缺陷,使得它经常受到一些干扰,其中最著名的是互联网蠕虫程序。

4.万维网访问服务

万维网即 WWW,中文称为全球信息网,也简称为 Web。WWW 服务主要基于超文本传输协议 HTTP。HTTP 为用户提供存取 Web 标准页面的描述语言 HTML 和基本的文本格式功能,以及允许把超文本和其他服务器或文件连接起来。WWW 是互联网上 HTTP 服务器的集合体。

5.网络用户信息查询服务

finger 服务可查询在目标主机上有账号的用户的个人信息,而不论这个用户当前是否登录到被查询的机器上。这些信息包括登录名、最近在何时何地登录的情况及用户自己提供的简介。finger 命令有三种使用方式:①finger@host 命令将列出当前在目标主机上登录的每个用户的信息;②fingeruser@host 命令将给出主机上用户的信息;③finger.str@host 命令将提供包括指定字符串 str 的任何用户的用户名或真名。

6.域名服务器

域名服务器是进行域名与相对应的 IP 地址转换的服务器。

在互联网早期阶段,网上的每个站点都能保留一个主机列表,其中包含每个相关机器的名字和 IP 地址。随着联网的主机成百万增加,每个站点都保留一份主机列表已无法实现。原因有两方面:一方面,如果这样做,主机列表会很大;另一方面,当其他机器改变名字和地址的对应关系时,主机列表不能及时修改。取而代之的是使用 DNS,DNS 允许每个站点保留自己的主机信息,也能查询其他站点的信息。而许多匿名 FTP 服务器还要进行名字和地址的双重验证,否则不允许从客户机登录。

7.网管服务

Ping 和 Traceroute 是两种常用的网络管理工具,几乎可以在所有与互联网连接的平台上执行。它们没有自己的协议,只使用因特网控制报文协议

（ICMP）。

Ping 只用于测试主机的连通性,判断能否对一个给定的主机收发数据包,通常还得到一些附加信息,如收发数据包的具体往返时间等。

Traceroute 不仅判别是否能与一个给定的主机建立联系,而且还给出收发数据包的路径,这对分析和排除本站点与目标站点之间的故障是很有用的。

Ping 和 Traceroute 不需要专用的服务程序。可以使用数据包过滤器防止在站点上收发数据包,使用 Ping 或 Traceroute 出站不存在风险,入站风险也不大。存在的危险是,它们能被用来确定内部网上有哪些主机,作为入侵的第一步。因此,许多站点会阻止或限制相关数据包入站。

第二节 网络拓扑与安全

一、拨号网

由于交换和拨号功能的加入,任何一种类型的网络均可以是拨号网。拨号网需要解决下面一些问题:①如何决定双方通信时呼出方和呼入方的长途电话费;②如何证实授权用户的身份;③如何确定信息是安全的。

二、局域网

局域网常见的定义是,在一个建筑物(或者距离相近的几个建筑物)中,用一台微机作为服务器连接若干台微机,从而构建出一种成本较低的网络,这就是局域网。

局域网自身的优势是非常明显的,以下从六个方面来进行阐述:第一,局域网中配备了用户共享数据、用户共享程序和用户共享打印机类型的设备;第二,局域网的成本非常低;第三,局域网系统拓展非常方便,其拓展形式也在逐渐演变;第四,局域网能够使系统具有更高的可用性和可靠性;第五,局域网的响应速度非常快;第六,局域网中每一个设备的位置都可以根据具体的需求来进行调整和改变。

从安全性的角度来分析,对局域网实施的保护策略需要用户注意以下两点。第一,要保证局域网结构中所用的电缆都是完好的,每一条线路中间都不能存在抽头的现象,这是因为在局域网中任何一个节点都是非常脆弱的。外界的攻击者可以从任何一个节点上截取到路径中所传输的信息,基于这样的情况,就需要保证局域网中任意一个结点的安全性都处于最高值。另外,要保证局域网中的用户具有可信度。第二,针对每一个节点,在未得到许可的情况下,要及时禁止用户与外界网络进行连接,私自接入因特网。

三、总线网

通常情况下,总线网也叫作多点网络。这种网络是在总服务器中牵引出一根电缆分支,而后网络上的传输工作就会在电缆分支上组建各个路径和结点。总线网结构包含两方面的协议:一是在以太网中应用的载波侦听多路访问/冲突检测(Carrier Sense Multiple Access with Collision Detection,CSMA/CD);二是令牌传递的总线协议。针对局域网用户,总线方式具有明显的便利性,因为当加入新用户或者改变老用户时,很容易从总线上增加、删除一些节点。

从组织性和安全性的角度来说,总线网上的工作要相对容易一些。对总线网上的安全因素进行细分,可以参考以下两个方面的内容:第一,如果信息数据是从a结点传输到b结点,那就说明传输的信息数据会被c结点访问,而且在传输的过程中很可能会存在不经过授权而私自对传输的信息数据进行改动的情况;第二,信息数据在从a结点传输到b结点的过程中,所使用的路径可能会在每一次传输时都出现不同的选择,如果传输的信息数据出现被篡改的情况,就会很难在第一时间确定信息篡改的具体结点。

四、环型网

环型网中每两个结点之间有唯一的路径并且线路是闭合的。每个结点都接收到许多消息并扫描每个消息,然后移走指定给它的消息,再加上它想传输的任何消息,接着将消息传向下一个结点。

从安全角度进行分析,每一条传输出去的消息,都必须经过路径中的每一个结点,这也就意味着,每一个结点都会对所传输的消息有一定的了解。与此同时,没有管理机构来分析信息流以检测隐蔽信道,同样也没有管理机构对每一个结点的真实性进行检测与核实。一个节点可以将其本身标称为任何名字,并且可以读取任何消息。

五、星型网

星型网,也叫集中型网络,在连接路径上的每一个节点与中央处理机之间都是直接连接的形式,而且每一个结点与其他任意结点之间都呈分离形式。也就是说,结点与结点之间,若想要实现通信,是需要中央处理机进行连接的。

星型网有两个突出的优点:①任意两个结点之间的通信只定义了一条路径,如果这条路径是安全的,那么通信就是安全的;②由于网络通常处于固定的物理位置,因而确保物理安全并防止未经授权的访问比其他类型网络更容易一些。

第三节 网络的安全威胁

随着计算机网络的日益普及,其已成为信息收集、处理、传输和交换不可或缺的方式,社会对网络及其存储的信息也越来越依赖。然而,计算机网络的开放性结构也使国家、单位和个人都面临着许多潜在的安全威胁,网络的安全问题受到越来越多的关注。

一、网络安全威胁的分类

网络安全与保密所面临的威胁来自多方面,并且随着时间的变化而变化。通常情况下体现在四个方面:①在网络部件中存在不安全因素;②在软件中存在不安全因素;③人员方面存在不安全因素;④环境方面存在不安全因素。

(一)网络部件的不安全因素

1.电磁泄漏

网络端口、传输线路及计算机都有可能因屏蔽不严或未屏蔽造成电磁泄漏,用先进的电子设备在远距离可以接收这些泄漏的电磁信号。

2.搭线窃听

一般情况下,攻击者应用的电子设备都是非常先进的,能够对通信的线路实施全程监听,以非法的形式截获传输中的信息数据资源。

3.非法入侵

外界攻击者以电子设备非法连接的形式入侵网络,对传输中的信息资源进行恶意破坏,非法截取并使用。

(二)软件方面的不安全因素

1.软件安全功能不完善,没有引入身份识别和访问控制等技术。

2.软件遭到病毒的入侵,一旦病毒入侵计算机网络系统中,就会逐步扩散到系统中的每一个环节,最终致使系统瘫痪。

(三)人员引起的不安全因素

1.系统操作人员不具备较强的保密观念,同时对保密守则没有正确的认知。对机密性较高的文件,存在随意打印、复制、泄露的情况。

2.系统操作人员有意破坏网络系统和设备。

3.系统操作人员以超越权限的非法行为来获取或篡改信息。

(四)环境的不安全因素

一般情况下,环境方面存在的不安全因素是指水灾、火灾、地震、温湿度冲击、空气洁净度变坏、停电或静电等,这些都会对系统的正常工作造成影响。

二、网络攻击的方式

随着计算机技术的飞速发展,外界攻击者入侵的技术手段也在不断翻新。以往入侵者常用的手段是窃听、哄骗,现阶段入侵者已经利用较为复杂的病毒、网络蠕虫及逻辑炸弹等形式对网络进行恶意的攻击。从目前的技术发展现状来看,入侵者的技术手段还在不断地更新。

网络攻击方式大致有以下几种:

1.窃听通信服务内容,识别通信双方,从而了解通信网络中传输信息的性质和内容。

2.窃听数据业务和识别通信字,并根据通信字接入,利用通信网络,进一步了解网络中交换的数据。

3.分析通信业务流程,推断关键信息,通过对通信网络中业务流程的分析,了解通信容量、方向和时间窗口等信息,这些信息在军事网络中非常重要。

4.重复或延迟信息的传递,使被攻击方陷入混乱。

5.改变信息流,对网络中的通信信息进行修改、删除和重新排序,使被攻击方做出错误的反应。

6.封锁网络,将大量无用信息注入通信网络,从而阻断有用信息的传输。

7.拒绝访问,阻止合法网络用户履行其功能。

8.假冒路由,攻击网络的交换设备,将网络信息引到错误的目的地。

9.篡改程序,破坏操作系统、通信和应用软件,如利用计算机病毒、"蠕虫"程序、"木马"程序、逻辑炸弹等实施软件攻击。

三、网络攻击的动机

(一)军事目的

军事情报机构是潜在威胁中最重要的团队,截取计算机网络上传输的信息是其情报收集工作的一部分。信息战正在引起各国的关注。对于国家而言,入侵网络可能意图很明显,但客观上对网络安全构成了威胁。可以推测,以敌国政府为后盾的军事性网络入侵将使未来的网络受到更加严重的威胁。

(二)经济利益

随着私人商业网接入互联网,网络上传输着越来越多有价值的信息,这就导致一类高级罪犯攻击网络。有一部分攻击者在网络攻击中选择的目标都是银行,并且目前已经有很多网络罪犯以攻击网络系统结构的形式,对银行的资金进行窃取。一般情况下,攻击者会在网络上窃取用户的个人信息及银行卡账号和密码等。另外,还有一些攻击者会将公司网络作为网络攻击的目标,由此发动恶性的商业竞争或者商业诈骗活动。工业间谍已引起了人们的广泛关注。所谓工业间谍,是指为了获取工业秘密,渗透进入某公司内部的私人文件,偷取商业情报以获得经济利益的人。

(三)报复或引人注意

网络攻击者在入侵网络之后就会对系统结构造成破坏,并且会制造一些恶性行为,影响社会的整体活动。一般情况下,网络攻击者可能会在网络上发泄自己的不满情绪。严重的情况下,还可能会对企业或国家的正常发展造成一定的威胁。

(四)恶作剧

入侵者具备一定的计算机知识,访问他们所感兴趣的站点。他们有时想做一个善意的恶作剧,有时则不太友好地进行某些破坏活动。

第四节 网络安全问题的起因分析

一、计算机系统的脆弱性

实际上,计算机应用系统本身具有非常明显的脆弱性,主要表现在如下几个方面:①在计算机应用系统中,电子技术方面的理论与实践基础相对薄弱,以至于系统在运行的过程中不能对外部环境的影响起到一定的防御作用。②计算机应用系统中的系统安全性与数据聚集性之间的关系是非常密切的。在应用系统的运行过程中,如果数据的形式是分散的,那么其自身的价值往往不大。如果信息数据是以聚集的形态出现,那么就会显示出自身的重要性。③在计算机应用系统中无法避免剩磁效应或电磁泄漏。④计算机应用系统存在通信网络方面的缺陷。通信网络作为计算机系统的衔接通道,现阶段还能够在诸多方面找出一些非常薄弱的环节,在外部环境中会发现一些没有得到有效保护的线路,那么,外界入侵者就可以通过外部环境中的这些薄弱环节,攻击计算机应用系统的内部结构,以远程监听或者实施窃听的形式,对计算机应用系统进行破坏。⑤在计算机应用系统中,资源共享的目的性与数据处理的可访问性之间存有非常明显的矛盾。

网络设备的硬件故障会直接导致网络运行中断,甚至损坏重要数据。由于通用服务器需要为客户提供高密度、大负荷的服务,势必会对机器的硬件造成很大的负担。网络设备的选择,如网卡、路由器等,也要根据需要而定。这些设备质量不达标,或者不能满足需要,网络的稳定运行便没有保障。

二、病毒

病毒一旦在网络上流行,对于网络来说无疑是一场灾难,可以直接导致网络系统崩溃。即使能成功找到预防和清除病毒的方法,但是已经造成的损害和清除的成本非常大。任何使用多台计算机的组织都不能保证针对病毒的有效预防措施绝对有效。

三、黑客

其实不应该将黑客统一归为是对计算机网络安全构成威胁的人。从本质上来讲,对计算机网络安全构成威胁的人应该称作"入侵者",并不是人们常说的"黑客"。但是,中文意义上"黑客"等同于"入侵者",所以这里就用

"黑客"来作为"入侵者"的称呼。

对一名黑客的网络威胁程度进行判断,主要的依据是要衡量人们现阶段对计算机和网络的依赖程度。简单来说,黑客会对网络安全造成何种程度的威胁取决于计算机网络上业务类型,例如我们所熟知的电子商务、金融事务等所涉及的安全问题就显得尤为重要。这类交易经常遭到黑客攻击,其中欺诈性电子交易是一个大问题。

第四章 网络安全体系结构

第一节 网络安全基础体系结构

一、网络安全的含义

计算机网络安全所要保护的对象有硬件设备、软件设备及信息数据等。在保护计算机网络安全的过程中,需要确保以上这些保护对象不会遭到外界的恶意破坏,信息数据不被篡改或者泄露,这样才能确保计算机网络正常地运行,不会轻易间断网络服务。

下面从不同的角度来阐述网络安全:①从网络用户的角度进行分析,网络安全意味着用户在网络上传输信息资源的时候,所涉及的个人隐私或者商业利益都需要在传输过程中得到保护。无论是从其资源的完整性还是其真实性考虑,都需要采取保密性极高的技术措施,这样才能确保在信息资源传输的过程中,不会被入侵者截取、窃听、篡改或者进行未经授权的访问等。②从网络管理者的角度进行分析,网络安全意味着需要对本地网络中的读写操作、网络信息访问进行实时的监控和有效地保护,这样才能及时发现非法访问、非法占用网络资源及非法控制威胁的现象,从而有效地避免网络被病毒入侵,也可以及时地拒绝为非法用户提供服务。③从教育工作者的角度来看,网络上不健康的内容会影响青少年的成长,必须加以控制。

可见,从不同的环境角度和应用模式来分析网络安全,最终会形成不一样的解读。

(一)操作系统的安全

所谓操作系统的安全,指的是在信息资源的传输和处理过程中,要保证这一过程中信息的安全性。操作系统的安全分为不同的模块：①从法律法规的角度给予保护；②从机房环境的角度给予保护；③计算机结构设计中的安全因素；④为硬件系统提供可靠性极强的安全运行环境；⑤确保计算机操作系统的安全性；⑥确保应用软件的安全性；⑦为数据系统提供安全保护措施；⑧防止电磁信息泄露。

(二)信息系统的安全

信息系统的安全可分为如下几类：①鉴别网络用户的口令；②控制网络用户存取的权限；③控制数据存取的权限；④访问控制；⑤安全审计；⑥跟踪安全问题；⑦有效预防计算机病毒；⑧对信息数据进行加密。

(三)信息传播的安全

可以把信息数据资源传播中的安全视为这些信息资源传播之后的安全，一般情况下信息传播的安全包含对不良信息的过滤。

(四)信息内容的安全

实际上，信息内容的安全就是常说的信息安全，信息安全重点保护的是信息数据资源自身的完整性和真实性，以及信息资源本身的保密性不会遭到破坏，这样就能够在信息资源传输的过程中，有效规避攻击者的恶意行为。例如，攻击者利用网络信息系统中的安全漏洞，对信息资源进行篡改和窃听等。可以看出，网络安全工作是基于合法用户信息资源结构，也就是说在安全期之内，能够为合法用户的信息资源提供保障，使得该信息资源以静态存储的形式或者数据传输的形式在网络结构中流通时，不会遭到非法用户的恶意破坏。

二、实现网络安全的原则

在实施网络安全防护的过程中需要坚持一定的原则，这些原则本质上是提高系统整体结构的兼容性，并能够有效地降低在安全防护方面的开销，既便于用户使用,也便于管理人员对网络系统实施有效管理。

1.对用户实施的安全保护措施,应选择与用户位置相靠近的结点,这样才能有效地保护网络用户自身的合法权益。最优质的结点是用户之间直接沟通的接口,可在此处设置相应的安全保护措施,但尽量不要选择端系统,也不要选择通信线路外部环境。

2.在安全保护措施中,尽量不要盲目增加第三方数量,也就是说,在整体的关系结构中尽量减少信任关系,这也意味着不安全性得到了降低,从而能够有效提高通信过程的安全性。

3.安全策略的实施与安全实现的具体方法尽量不要混淆,这样才能从安全管理的角度体现其便捷性和通用性。在实现安全管理的过程中可以选择多样且灵活的方法,并且这些方法各自具有明显的独立性。

4.实现安全策略是一个整体概念。所以安全策略的实施,不是针对网络协议中独立的某一个层次或者某几个层次进行保护措施的落实,而是需要将协议层整体化为一个需要保护的对象,而后再考虑如何对这一整体进行安全防护。在网络信息系统结构中,每一个层次之间所实施的安全保护措施应具有一致性,并且需要规避重复性,以此才能够避免出现安全漏洞,达到最高的安全性。

5.在网络系统结构中,原有网络协议自身的特点应得到体现,另外也需要体现出网络系统自身所具备的通用性,及时对网络系统结构设置安全保护措施。

6.安全保护措施的设置,需要将内部结构与外部管理接口进行统一,这样就能够有效地为用户减少外界的干扰。也就是说,在系统结构中,上层应用程序和系统中的用户并不会因为系统中增设了安全保护措施而影响使用。

三、网络安全常见的概念

(一)加密

密码学是加密、解密、数据完整性维护、鉴别交换、口令存储和检验等功能的前提,是许多安全服务和机制的基础。一方面,它被用来保护信息的安全,防止遭到攻击;另一方面,它被用来实现一些攻击技术,如消息流的观察,篡改和对通信业务流分析、否认、伪造或未经授权的连接等。

加密的含义是把敏感数据转变成敏感性较弱的形式,它可以是对称的,也可以是不对称的。对称加密算法是指通信双方使用相同的密钥;不对称加密算法有时也被称为公开密钥算法,即公开一个密钥,而隐藏另一个密钥,一个密钥可能从另一个密钥计算出来。

(二)密钥管理

密钥管理包括密钥生成、分发和控制。密钥管理需要考虑的关键点是:对于每个明确或隐式指定的密钥,使用基于时间的"生存周期"或使用其他标准,按适当功能对密钥进行划分,以便密钥的使用更有针对性。

对于对称密钥算法,须使用密钥系统并使用密钥管理协议中的保密服务来传递密钥。对于非对称密钥算法,须使用密钥管理协议中的完整性服务或数据反否认服务来秘密传输公钥。

(三)数字签名

数字签名使用非对称密钥算法来提供安全服务,如拒绝服务和对象身份验证。其特点是,如果不使用私钥,就无法生成签过名的数据单元。这意味着,签名数据单元不能由除私钥所有者之外的其他个人创建。

(四)访问控制

访问控制的工作形式就是以查看信息来源限制访问,使用资源的形式来验证信息使用的人是否已经具有使用信息的权限。一般情况下,在访问控制中为用户提供的验证是身份上的验证及权限上的确认,通常是通过检查和比较用户在使用资源时的访问控制列表、口令及权限标志来进行查验的。

(五)数据完整性

数据的完整性包括两个方面:一是数据单元的完整性,二是数据序列的完整性。而数据单元的完整性,通常是指某一个单元中某一个段落的数据没有被破坏,也没有被增加或者删除,也不存在被篡改的情况。

(六)消息流的篡改检测

如果要检测消息流在传输的过程中是否遭受了入侵者的非法改变,就需要应用消息流篡改检测技术。这一技术在应用的过程中与其他检测技术之间存在密切的关联性,包括:①通信链路和网络的比特检测技术;②码组检测与顺序检测技术。

(七)鉴别交换

在不同的应用环境中,鉴别交换的组合形式是不同的。身份验证服务是为了能够确保通信身份的真实性。在具体的验证服务过程中,是以通信路径为基础,对实体数据信息来源进行身份验证的。在数据交换连接的过程中会为用户提供实体的对等鉴别服务。这项服务需要做的工作就是对路径上已经连接的独立实体或者多个实体进行身份上的验证,以证明参与数据信息传输的实体所发送的信息是真实的,而实体所用的身份也是真实的,这样就能够防止假冒身份的情况。

(八)通信业务的填充

通信业务填充是指通过伪造通信业务和将协议数据单元填充到一个定长协议,这样能够有效防止入侵者对通信业务的恶意分析,从而对网络安全起到保护作用。

(九)路由选择控制

用户以路由器控制机制的形式对范围内的网络结点和路径上的结点给予极大的信任,以此保证用户在传输信息数据的过程中得到最大化的安全性保障,从而保护用户的数据信息不会受到外部入侵者的破坏。

(十)公证

以第三方概念为基础,在确保第三方具有可信度之后建立公证路径。因此,能够确保两个实体之间传输或交换信息资源时,这些资源自身所具备的某些性质不发生变化。

四、网络安全的模型

网络安全的模型是基于发信者 S(Sender)、收信者 R(Receiver)、敌人 E (Enemy)和监控管理方 B(Boos)的四方模型。主体之间在信息资源的传输过程中使用的是通信协议的协调通道,由此便可以构建出一条逻辑信息通道。通信双方在传输信息数据资源的过程中,很可能会遇到入侵者的恶意攻击,也可能会遇到不同类型的安全威胁,其中比较常见的是信息资源通信中断、信息资源被窃取及重要信息被篡改等。基于这样的情况,通信双方就需要在信息资源传输的过程中采用安全性较高的保护措施,以此才能对入侵者的恶意行为进行抵御,从而确保信息资源不会遭到入侵者的恶意破坏。

第二节 安全服务和安全机制

一、安全服务的种类

OSI 安全体系结构根据可能存在的网络系统威胁因素,提出了几项与之相对应的安全服务。

(一)识别服务

识别分为对等实体识别和数据原发识别。对等实体识别是指确认相关的对等实体是其声称的实体,数据源发识别是指确认接收到的数据源的真实性。身份验证可以是单向的也可以是双向的,可以带有效期检验,这样可以防止冒充或重传以前的连接,也可以防止这种类型的假连接初始化攻击。

当对等实体识别服务由 OSI 模型的 N 层提供时,N+1 层实体将确信与之打交道的对等实体正是它所需要的 N+1 层实体。这种服务在连接建立或在数据传送阶段的某些时刻供使用,用以证实一个或多个连接实体的身份。使用这种服务可以确信(仅仅在使用时间内),一个实体此时没有试图冒充别的实体,或没有试图将先前的连接做非授权重演。这种服务能够提供各种不同程度的保护。

(二)访问控制服务

访问控制服务所面向的对象是在网络系统中没有得到授权的用户。这也意味着通过访问控制服务,能够进一步确保在授权的基础上,网络和网络资源的完整性与可用性。一般情况下,授权对象指的是通信双方,也就是两个在网络系统结构中发起活动的实体,也可以称其为发起方与目标。在实体经过授权后,访问服务就能够确定哪一个实体是发起方,那么,就意味着这一授权的实体可以访问已经授权的内容,访问控制服务会针对实体授权的情况,为其提供目标系统的网络服务。另外,访问控制也会对路由进行选择,这样就能够排除网络与子网络路径上不被信任的敏感性信息。同时,访问控制还需要有效防止重新分配储存对象(通常情况下指的是磁盘、内存)。也就是说,在前一个用户使用这些信息资源后,所留下的痕迹是之后的用户没有权限访问的。最简单的方法是在对象分配期间消除所有内容。

(三)数据保密服务

所谓数据保密服务,是为网络系统中的信息数据提供保密服务。这一保密性的服务能够有效减少网络系统之间信息数据在交换的过程中,因非法访问而导致的信息被拦截、被泄露的情况。

1.连接保密

连接保密是指在同一个路径或在同一个连接上,能够对传输的所有信息数据进行保护,并为其提供机密性的保护策略。但是,并不是所有的层次都适合提供这项保护,在某些层次上,保护所有数据是不合适的。例如,连接请求过程中的数据信息,就不适合连接保密。

2.无连接保密

无连接保密是指在无连接的情况下,针对路径上的数据包提供保密措施,也就是对数据包所属的用户数据进行保护。

3.选择字段保密

选择字段保密是指在一个协议数据单元内,某一些被选择的数据用户得到了保密措施的实时保护。通常情况下,这些字段存在于连接用户数据中,也有一些字段存在于独立无连接用户数据中。

4.信息流安全

在网络系统中,一些信息流可以通过观察分析出其中涵盖的重要数据信息,信息流保密性就是对这些可观察的信息流进行的一种有效保护。这种保护手段能够使可观察的信息流不受到攻击者的窃取和截断,致使攻击者无法通过观察信息流而获取有关信息的频率、长度、信息源等一些重要的特征。

实施保密性服务的方法有两种:一种是通过安全域内已定义的实体,这条安全线上包含的是每一个节点的资源和链路上的主机系统,还有连接主机与资源的传输介质,这些都与安全策略相符,能够为网络用户提供较高的安全保障。另一种是利用加密技术实现保密性服务。加密技术能够使明文通过技术形式转换为密文,在密文传输的过程中,目标接收者需要具备解密的密钥,在接收密文后通过密钥将其转换为明文。一般情况下,数据包在离开源主机发送到目标接收者的途径中,会离开既定的安全域,那么在途经中间网络的过程中,就需要实施加密技术,使其顺利到达目标主机的地址。加密技术能够确保数据包在传输的过程中不被攻击者恶意拦截,也不会丢失重要的信息资源。

(四)数据完整性服务

所谓的数据完整性服务,是针对实体的非法活动、非法攻击而提供的安全保障,以此能够有效确保信息数据资源在发送与抵达的过程中,没有遭到恶意的篡改。在连接中,当连接开始时使用对等实体身份验证服务。

1.可恢复的连接完整性

可恢复的连接完整性能够确保路径上所有用户所传递的信息数据都得到完整性的保护,并且能够实时检测数据在交换的过程中是否存在被修改、插入、重播及删除的情况,如果出现以上某一种情况,那么该项服务能够及时进行数据信息方面的恢复。

2.无恢复的连接完整性

与可恢复的连接完整性的差别仅在于不提供恢复功能。

3.选择字段的连接完整性

为传输路径上用户的信息资源提供数据内选择字段完整性的保护。这就是数据完整性服务中,选择字段的连接完整性保护形式,其主要的功能是能够对选择字段内的信息资源进行检测,查看在信息资源交换和传输的过程中是否存在被修改、插入、重播及被删除的情况。

4.无连接完整性

针对独立无连接的数据服务单元提供的完整性服务,就是指以某种特定的形式检测,在数据服务单元中接收到的数据信息是否存在已经被修改的情况。在必要的情况下,还能够对服务数据单元接收到的信息是否存在连接重放这一情况进行检测。

5.选择字段无连接完整性

针对独立无连接的数据服务单元,提供选择字段内的完整性保护服务。在必要的情况下,会以特定的技术形式,对该选择字段内的数据信息进行检测,查看信息数据是否存在被篡改的情况。

实际上,数据的保密性与数据的完整性是存在差异的。我们将传输信息的源主机与目的主机假设成自动取款机与银行之间的关系,那么,如果入侵者想要通过传输路径截获用户的信息和密码,这一现象就属于保密性问题范畴;如果入侵者想要将自动取款机与银行之间信息传输的内容进行修改,在修改之后,如果自动取款机与银行之间原本1 000元的交易变成了100

元,这一现象就属于完整性问题范畴。

(五)禁止否认服务

通常情况下,不可否认服务的主要作用是,在发送方发送数据之后,可能会存在否认自己发送信息这一行为,禁止否认服务就会有效阻止这种情况发生,并且在接收方接收到发送方的数据信息之后,也不能否认曾经接到过发送方的数据信息,或者对接收到的数据信息进行伪造等一系列的恶意行为。

1.禁止否认发送

在数据接收方接收到数据信息之后,禁止否认服务能够提供信息源的证明协议,以此能够有效阻断信息发送者在数据发送成功之后,任何形式的否认或者数据篡改的行为。

2.禁止否认接收

禁止否认接收会将交付证明提供给数据传输者,以此能够有效防止信息数据的接收者在成功接收数据之后,任何形式上的数据篡改和数据否认的不良行为。

上述两种服务均属于禁止否认服务的相应类型,在服务过程中需要特别关注的是对截获信息流的重放这种技术。对于入侵者来说,通常会应用在未被授权的主机上,其目的是欺骗目的主机,使其认为信息的来源是由合法主机传输的。

(六)可记账性服务

所谓的可记账性服务,是要求系统结构中保留一个日志性的文件。这一文件中的内容均与安全相关,保留这样一个日志性文件,是为了在遇到安全威胁之后,能够有助于事件的调查与分析,利用最短的时间做最有效的工作,追查到与之相关的责任人,并且能够有效找出系统安全中存在的弱点。

二、安全机制的种类

基于上文中提到的各类型服务,可以在安全结构中采用不同的安全机制。下面是常见的八种安全机制。

(一)加密机制

所谓的加密机制,就是对系统中的数据信息进行加密处理,也是确保数据机密性最为常用的一种方式。它不仅可以为单个数据提供机密性,而且可以为通信流量提供机密性,并补充其他一些安全机制。根据加密系统,加密算法可以分为两种类型的序列密码算法和分组密码算法。具体来看,其自身包含两种类型,其一是对称密钥算法,其二是非对称密钥算法。所谓的对称密钥算法,就是已经有解密密钥以对加密的数据进行解密处理。所谓的非对称密钥算法,指的是已经知道了加密密钥,可是这并不意味着也对解密密钥有所了解。在应用过程中能够与同样拥有加密方法的一些技术进行协同合作,能够对数据的保密性和完整性给予保障。在对话加密保护工作的基础上,还可以对其他层进行加密。密钥管理机制与加密机制相关联。

(二)数字签名机制

一般情况下,在网络通信过程中会出现一些特定的安全问题,针对这些特定的安全问题,可以使用数字签名机制来解决。如果在通信过程中双方出现下列情况,那么就会衍生出安全方面的一系列问题:1.否认,指的是信息数据的发送者在信息发送成功之后不承认已发送的信息数据是自己发送过的;2.伪造,这是针对接收者的一种现象,接收者会对文件进行伪造,然后声称这份伪造过的文件是发送者发来的源文件;3.冒充,恶意的入侵者会冒充网络用户的身份,然后接收或者向另一个网络用户发送信息;4.篡改,这同样也是针对接收者的一种现象,某些接收者会在收到信息数据的时候,对这些内容进行一定的篡改。

数据签名机制包含进程签名和验证签名,这两项内容都应用在数据单元中。在数据单元中,对私人信息进行加密处理是通过数字签名技术来实施的;在进程签名后才能对数据单元进行加密处理。进程签名也会辅助数据生成相应的密码检查值,在检验的过程中会涉及公开的信息内容,这样才能够对签名的私人信息进行验证。

每一项机制都具有独立的特征,从本质上来看签名机制的特征是每一个签名都为签名者所独有。签名的产生是基于某些私人信息的所属人是唯一的,以此才能产生签名。签名基于第三方可得到认证,并且是在任何形式、任何时间及任何途径上的认证。这就要求签名具备以下几项特征:可证实性、不可否认性、不可伪造性、不可重用性。

(三)访问控制机制

所谓的访问控制机制,指的是任意主体的访问行为都需要建立在合法的基础上,如果主体在网络系统结构中以未经授权的身份,尝试用非法的途径访问合法对象,那么访问机制就会拒绝这一行为,而后,汇总这样的事件,追加到审计与跟踪系统当中,在审计与跟踪系统中就会以警报信号的形式生成有效的信息。如果在数据信息传输链路并没有有效建立的情况下,访问机制拒绝了发件人的访问请求,那么,这会作为访问控制结果提供给审计与跟踪系统。

访问控制机制基于以下一个或多个手段:访问控制信息库,其可以访问由授权中心或正在访问的实体保存的对等实体;诸如密码、电源的身份验证信息,证明了访问此信息指定的实体或资源;通常根据安全策略,安全标签可用于同意或拒绝访问;尝试访问路线;访问持续时间。

(四)数据完整性机制

数据完整性涵盖了两个不同的类型:一是独立数字单元或者独立数字字段的完整性,二是数字单元流的完整性或者是字段流的完整性。一般情况下,针对这两种不同的类型,所提供的完整性服务机制也是不一样的。从目前的技术手段来看,针对第一种类型并没有有效的完整性服务技术可供使用。与此同时,第二种服务具有不可用性。

想要确定独立的数据单元是否具有完整性,需要通过两个进程确定:第一个进程以发送实体进行确定,第二个进程以接收实体进行确定。数据单元完整性的确定方法通常是:发送实体以添加标签的形式,在数据单元上做标记,这一标记指的就是信息数据本身的签名函数,常见的有散列函数。接收实体会在信息接收的过程中,将自己添加的标记与已经接收到的标签进行对比,以此就能够确定信息资源在传输的过程中是否存在数据被修改的情况。在适当的网络架构层上,应该检测到该层对该层或更高层的恢复效果。对于连接方法的数据传输,保护数据单元序列的完整性也需要具有一些明显的排序形式。

在检验数据单元序列是否存在完整性时,需要确定的是数据信息的时间标签及序列号连接是否存在错误,如果二者都是正确的,那么就意味着信息数据在传输的过程中没有被伪造,没有丢失,也没有在传输的路径上被恶意地修改或者插入。

(五)交换鉴别机制

所谓的交换鉴别机制,实际上是通过信息交换的形式,对实体的身份进行鉴别,这也是确保网络系统安全的一种有效机制。常见的交换鉴别技术有以下三种:

第一,口令。通常情况下,口令的提供者是发送方实体,而接收方实体会对发送方实体提供的口令进行检测。

第二,密码技术。在数据信息传输的过程中,会对信息进行加密,而后进行交换。在双方都接收到对方的加密数据之后,只有网络中的合法用户拥有解密的权限,通过相应的解密技术,可将密文转换为明文。一般情况下,密码技术在实施的过程中需要和不同类型的技术协同作用,从而才能够对数据的一些安全性问题进行有效规避。常见的技术有握手协议、时间标记、数字签名等。

第三,利用实体的特征或所有权,如指纹识别、声音识别和身份卡。这种机制可设置在 N 层以提供对等实体鉴别。如果在鉴别实体时得到否定的结果,就会导致连接的拒绝或终止,这样可能在安全审计跟踪中增加一个记录,也可能给安全管理中心一个报告。

(六)业务流量填充机制

业务流量填充机制主要用于监控线路和流量分析的数据。所使用的方法通常是由没有信息传输的安全设备发送,因为是连续发布的,因此非法人员无法分辨哪个是有用的信息,哪个是无用的信息。

(七)路由控制机制

在大型网络中,从源结点到目标结点可以有多条线,并且一些线路可能是安全的,而其他线路则不安全。路由控制机制允许信息发送方动态或预留以选择特殊路线,以便只有物理安全子网、中继站或链接可以确保数据的安全性。

一旦检测出外部环境中的入侵者,对内部网络进行连续性的攻击,那么提供商最终会得到系统中网络服务的指示,基于安全标记数据来建立不同类型路由的链接。这样可以禁止传递一些子网、中继站或链接。

(八)公证机制

我们无法判断计算机网络结构中每一个用户自身的诚信度是否都是良性的或可信的。那么,当计算机设备出现技术性故障时,极易产生信息资源丢失、信息传输延迟这一类型的问题。因此,就很容易引起用户与用户之间产生责任上的纠纷。基于这样的问题,需要构建第三方的公证仲裁。这样就能够取得所有用户的信任。公证机制中仲裁数字签名技术就是非常有效且常用的一种技术支持形式。

通常情况下,公证方面的担保都是第三方提供的,公证人员会以沟通的形式得到实体的信任之后,以既定的验证形式将需要验证的信息进行验证,就可以完成对信息的公证担保。基于此,通信实体可以利用数字签名的形式得到公证担保服务,也可以利用加密技术和完整性机制与公证担保服务相适应,在通信实体应用公证机制的时候,在路径上传播的信息数据资源和通信双方之间会以通信实体及公证通信的形式得到相应的保护。

三、安全服务、安全机制的层配置

由于OSI参考模型是一种层次结构,某种安全服务由某些层支持更有效,因此存在一个安全服务的层配置问题。解决安全服务、安全机制的层配置问题应遵循下列原则:第一,在落实某一种服务类型时涉及的方法与手段的模式越少越好;第二,安全系统的构建应以多层次为核心,以此提供的安全服务具有可靠性;第三,每一个层次的独立性需要得到保护;第四,如果处于某一层次的实体,要通过低于自身层次的实体来提供安全保护机制,那么处于中间层的结构应以安全为核心实施具体的服务操作;第五,在有可能的情况下,作为自容纳模块所发挥的作用不应该被排除,即使是附加的形式,也可以将其定义为某一个层次所需要的安全功能。

除非特别说明,安全服务由运行在该层的安全机制来提供。多数的层提供一定的安全服务。不过,层不但能从它们本身获得安全服务,而且可以使用较低层提供的安全服务。

(一)物理层

1.安全服务

物理层能够单独或联合其他层提供下列安全服务:①连接机密性;②通信业务流机密性。通信业务流的机密性具有完全沟通流和有限通信交通流的机密性。前者只在某些情况下可用,如双向同步、同步、点对点传输。后者可以是提供的其他传输类型,如异步传输物理层的安全服务仅限于处理被动威胁,可以应用于点对点、多对等实体通信。

2.安全机制

在物理层结构中涉及的安全机制,大多数都是只对数据流的加密处理。在物理层结构中,保护的对象是物理服务数据比特流的保密性和通信业务流的保密性。

(二)数据链路层

1.安全服务

数据链路层的服务指的是这一层次所涵盖的所有安全服务,可将其分为两个不同的类型:连接机密性和无连接机密性。

2.安全机制

安全机制是在数据链路层涉及的安全服务,其提供的主体是加密机制。

(三)网络层

1.安全服务

在网络层结构中所提供的安全服务,可以分为以下几种类型:①数据源发鉴别;②对等实体鉴别;③访问控制;④连接机密性;⑤无连接机密性;⑥通信业务流机密性;⑦无连接完整性;⑧不带恢复的连接完整性。这些安全服务可以由网络层单独提供,也可以联合其他功能层一起提供。

2.安全机制

网络层的安全服务由以下机制提供:①通过加密或签名机制提供的数据增值服务;②通过密码认证交换、受保护密码交换和签名机制等对等实体认证服务等,加密机制与路由控制机制能够为连接机制提供服务,加密机制与路由机制能够为连接机密提供服务;③通信服务填充机制与路由控制机制,能够为通信服务流机密性提供服务;④数据完整性机制与加密机制能够为未连接的完整性数据信息提供服务;⑤数据完整性机制与加密机制,能够为没有恢复连接完整性的数据信息提供服务。

网络层中的访问控制可以提供各种目标服务。例如,它允许终端控制网络连接的建立和不必要的呼叫,并且允许一个或多个子网控制使用网络层。在某些情况下,允许控制网络资源与使用网络的成本相关。通过控制访问和选择反向支付或其他网络特定参数来最小化成本。然而,访问控制的隔离程度非常粗糙,并且只能区分网络层实体。

(四)传输层

1.安全服务

在传输层结构中所提供的安全服务,可能是以独立的形式存在的,也可能会与其他层相衔接,提供联合安全服务。常见的安全服务种类有:数据原发鉴别、对等实体鉴别、访问控制、连接机密性、无连接机密性、带恢复的连接完整性、不带恢复的连接完整性、无连接完整性。

2.安全机制

基于以下几种不同的机制,能够总结出传输层安全服务的基本构建。密码身份验证、签名机制及密码交换,为对等实体身份验证提供服务。访问控制服务是以特定的访问形式才得到的控制机制。加密机制能够为连接机密性提供服务。数据完整性机制与加密机制能够为可恢复的连接完整性提供服务。数据完整性机制与加密机制能够为不带恢复的连续完整性提供服务。数据完整性机制与加密机制能够为无连接完整性提供服务。

(五)会话层

1.安全服务

会话层结构涉及的安全服务供给分为以下几种类型:对等实体身份验证、数据原理识别、连接保密性、无连接保密性、选择字段保密性、通信服务流保密性、具有恢复的连接完整性、无须恢复连接完整性、选择字段连接完整性、无连接诚信、反拒绝数据原则和示范。

2.安全机制

会话层的安全服务由以下安全机制提供:对等实体身份验证服务可以由语法转换机制提供;加密机制与签名机制能够为数据原理认证提供服务;链接机制是由链接机制提供服务;加密机制能够为没有链接保密性提供服务;加密机制可以为选择现场即兴提供服务;加密机制可以为通信流量流提供服务;数据完整性机制与加密机制能够为恢复的连接完整性提供服务;数据完整性机制与加密机制能够为选择字段连接完整性提供服务;数据完整

性机制与加密机制能够为无连接的完整性提供服务。

(六)表示层

1.安全服务

表示层结构涉及的安全服务供给分为以下几种类型:对等实体鉴别、数据原发鉴别、连接保密性、无连接保密性、选择字段保密性、通信业务流保密性、带恢复的连接完整性、不带恢复的连接完整性、选择字段连接完整性、无连接完整性、数据原发证明的抗抵赖、交付证明的抗抵赖。

2.安全机制

表示层的安全服务由以下安全机制提供:对等实体认证服务可以由语法转换机制提供;数据原发认证服务可以由加密或签名机制提供;连接保密服务可以由加密机制提供;没有连接保密服务可以由加密机制提供;选择现场保密服务可以由加密机制提供;恢复的连接完整性可以由数据完整性机制和加密机制提供;恢复的连接完整性服务可以由数据完整性机制和加密机制提供;选择字段连接完整性服务可以由数据完整性机制和加密机制提供;无连接的完整性服务可以由数据完整性机制和加密机制提供;通过数据完整性机制和加密机制选择没有连接完整性服务的字段。

(七)应用层

1.安全服务

应用层结构所提供的安全服务,可能是以独立的形式存在的,也可能会与其他层相衔接,提供联合安全服务。常见的安全服务种类有:对等实体鉴别、数据原发鉴别、访问控制、连接保密性、无连接保密性、选择字段保密性、通信业务流保密性、带恢复的连接完整性、不带恢复的连接完整性、选择字段连接完整性、无连接完整性、选择字段无连接完整性、数据原发证明的抗抵赖、交付证明的抗抵赖。

2.安全机制

应用层中的安全服务由以下机制提供:对等实体认证服务可以由在应用实体之间发送的认证信息提供,该应用实体由上层或下层的加密机制保护,如果没有恢复连接完整性,可以通过使用较低层数据完整性机制来提供服务;选择字段连接完整性服务可以通过在图层上使用数据完整性机制来提供,无连接的完整性服务可以通过提供较低层机构进行一次性服务。通过签名机制,可以提供交付证书的反拒绝服务,以及较低级别的数据完整性机制,并与第三方公证合作。

从网络安全服务的角度来看,OSI模型各层配置的服务如下。

(1)对等实体鉴别服务

第一层:没有。一般情况下被视为本层配置中不需要配置对等实体鉴别服务。

第二层:没有。一般情况下被视为本层配置中不需要配置对等实体鉴别服务。

第三层:有。在一些单独的子网上或在网际上进行路由选择。

第四层:有。在一个连接开始前和持续过程中能够用来进行两个或多个会话实体的相互鉴别。

第五层:没有。

第六层:没有。加密机制能支持在应用层的这种服务。

第七层:有。对等实体鉴别应该由应用层提供。

(2)数据原发鉴别服务

第一层:没有。一般情况下被视为本层配置中不需要配置数据原发鉴别服务。

第二层:没有。一般情况下被视为本层配置中不需要配置数据原发鉴别服务。

第三层与第四层:数据原发鉴别能够在第三层和第四层的中继与路由选择中提供端到端服务。在建立连接时提供对等实体鉴别,并在连接存活期提供基于加密的连接鉴别,事实上也就提供了数据原发鉴别服务。

第五层:没有。

第六层:没有。加密机制能支持在应用层提供这一服务。

第七层:有。可能要与表示层中的机制相配合。

(3)访问控制服务

第一层与第二层:在一个完全遵守OSI协议的系统中,在第一层或第二层不能提供访问控制机制,这是因为没有可用于这样一种机制的端设备。

第三层:根据特定子网的要求,访问控制机制可加入子网访问中。

第四层:有。访问控制机制能够在每个传输连接端到端的基础之上被使用。

第五层:没有。

第六层:没有。在第六层上提供这一服务没有好处。

第七层:有。应用协议和应用进程能提供面向应用的访问控制业务。

(4)有连接用户数据的机密性

第一层:有。由于成对插入透明性的电气转换设备能给出物理连接上的完全机密性,所以应该提供。

第二层:有。但不给第一层或第三层的机密性提供更多的安全利益。

第三层:有。用于某些子网的访问,以及网际上的中继与路由选择。

第四层:有。因为单个传输连接给出了端到端传输机制并提供会话连接的隔离。

第五层:没有。它在第三、四、七层的机密性上不提供额外利益,在这一层上提供该服务没有好处。

第六层:有。因为加密机制提供纯语法变换。

第七层:有。与较低层的机制相配合。

(5)无连接用户数据的保密性

第一层没有无连接服务。

(6)用户数据和选择字段的保密性

这种保密性服务由表示层中的加密来提供,并且根据数据的语义由应用层中的机制调用。

(7)通信业务流保密性

通信业务流保密性只能在第一层实现,可以通过在物理传输通路中插入一对加密设备来实现。而在物理层之上,通信业务流是不可能安全的。在某层上使用完全的保密性服务,并在该层上注入伪通信业务能产生保密性的某些效果,但是这样一种机制的代价大,可能要耗用大量的载波与切换能力。

(8)有连接带差错恢复用户数据的完整性

第一层与第二层:第一层与第二层不能提供这种服务。第一层没有检测或恢复机制,而第二层机制只运行在点对点而非端到端的基础上,所以提供这种服务不合适。

第三层:没有。因为差错恢复不是普遍可用的。

第四层:有。因为这提供了真正的端到端传输连接。

第五层:没有。因为差错恢复不是第五层的功能。

第六层:没有。但加密机制能支持应用层中的这种服务。

第七层:有。与表示层中的机制相配合。

(9)有连接无差错恢复用户数据的完整性

第一层与第二层:没有。第一层没有检测或恢复机制,第二层只能运行在点对点而非端到端的基础上,所以提供这种服务不合适。

第三层:有。完成单个子网的访问,以及网际上的路由选择与中继作用。

第四层:有。这种情况下,在检测到主动攻击之后停止通信是可取的。

第五层:没有。

第六层:没有。加密机制能支持应用层中的这种服务。

第七层:有。与表示层中的机制相配合。

(10)有连接不带恢复用户数据中选择字段的完整性

选择字段的完整性,能够由表示层中的加密机制提供,并与应用层中的调用机制与检测机制相配合。

(11)无连接用户数据的完整性

为了把功能重复减少到最低限度,无连接传送的完整性应该只在那些不带恢复的完整性的层上提供,即网络层、运输层和应用层。这样,完整性机制可能只有非常有限的效用。

（12）无连接选择字段的完整性

选择字段的完整性,能够由表示层中的加密机制提供,并与应用层中的调用机制与校验机制相配合。

（13）抗抵赖

数据原发与交付抗抵赖服务能够由第七层上的公证机制提供。抵赖的数字签名机制要求在第六层与第七层之间进行密切合作。

第三节 安全策略

计算机网络安全领域既复杂又广泛,恰当的安全策略应把注意力集中到网络管理者或使用者最关注的方面,也就是说,安全策略应该在实质上表明安全范围内什么是允许的,什么是不允许的。

一、安全策略的分类

通常情况下,从两个角度考虑安全策略,一是以身份为视角的安全策略分析,二是以规则为视角的安全策略分析。

以身份为视角的安全策略分析,指的是对数据和资源的访问进行过滤。具体的执行过程有两种不同的方法,要根据访问权限来决定。也就是说,要先判断信息访问权限是归属于访问者,还是归属于被访问者。如果访问者拥有访问权限,那么具体的做法就是特殊授权,或者是特权标记,这一授权涉及的内容是访问者访问权限内的活动范围。如果是被访问者拥有访问权限,那么以访问控制表的形式来落实。在这两种执行方法中,因为信息的访问权限会有两种不同的归属情况,所以数据项的大小就会有很大的变化。除了以权限来命名数据外,也可以自己携带访问控制表。

以规则为视角的安全策略分析,指的是以既定个性化的特质为核心实现权限的落实,一般是由具有敏感性的授权指导方针来决定,在计算机网络安全系统结构中,对数据或资源进行安全标记,而且网络上每一名用户的行为与活动也要进行安全标记。标记的概念在通信中非常重要。标记可以包含属性以指示其灵敏性,设置时序和定位属性,指示处理和分配的特性,并提出对终端的特定要求。标记属性有许多形式,包括:启动通信的进程和实体;回应通信的进程和实体;通信期间要移动的数据项;通信期间使用的信道和其他资源。

二、安全策略的配置

开放式网络环境下用户的合法利益通常受到两种方式的侵害:主动攻击和被动攻击。主动攻击包括对用户信息的篡改、删除、伪造,对用户身份的冒充、对合法用户访问的阻止;被动攻击包括对用户信息的窃取、对信息流量的分析。

三、安全策略的实现原则

(一)层次性

相同的安全策略在不同的网络协议层中实现的效果是不同的,必须根据用户对安全的需求来决定。

数字签名只能在应用层中实现,因为它的目的是防止用户对信息访问的抵赖;身份认证、信息完整性验证和访问控制可以应用于许多层,从上到下保护的力度、作用的范围逐渐增大;根据用户的需要将信息加密应用于任何层。如果要应用一部分数据,而不是对所有的数据加密,则应考虑在应用层实现数据加密策略。如果要对终端输出的所有数据加密,则应当在网络接口层或IP层实现数据加密的策略。安全策略分层应用有利于具体环境下安全保护的实施,节省不必要的开销。

(二)独立性

实施安全策略所采用的密钥体制、证书管理模式、密钥管理方法、数据加密算法和身份认证方法应该独立于整个安全架构。不同的主机、不同的应用实体和不同的协议栈分层使用不同的实现方法,终端之间可以建立一致的安全策略和协作方式。

(三)多样性

多个用户(进程或主机)可以针对某一个用户(进程或主机)使用同样的安全策略;某一个用户(进程或主机)还可以为多个用户(进程或主机)建立不同的安全策略,并且可以同时验证用户(进程或主机)的身份,对不同层次都实现访问控制;可以只对某一层实现访问控制。例如,为了维持IP协议的动态路由,负载自动平衡和网络重建的特性,必须确保每个数据报都是独立和自由的。因此,当对IP层执行安全保护时,数据报告的目的地地址不限于固定值。如果中间结点是防火墙的堡垒主机,那么终端中添加的安全策略不会影响防火墙的原始安全策略。安全策略的实施应考虑实际的网络特征和环境,灵活和多样化地应用于网络协议栈中。

(四)可管理性

终端中使用的安全策略应可配置,要向用户和管理人员提供具有方便、简单、一致的管理接口。管理分为手动管理和自动管理,而在英特网大规模网络环境中应使用自动管理的方式。

(五)安全性

安全策略是一个整体概念,不同级别采用的安全政策不能矛盾或逆转,否则会造成安全漏洞。例如,为了提供完整性保护,应在获得消息摘要后执行数据加密。访问控制和身份验证是互补的,只能在身份认证后实现有效的访问控制。数据完整性和身份验证也是互补的,单独实现其中一种安全策略没有太大的意义。

四、安全策略的实现框架

(一)证书管理

证书管理主要包括生成、分发、更新和验证公钥证书。公钥证书用于身份验证、数字签名和后续会话密钥的生成。证书管理的本质是终端系统通过可信第三方建立相互之间的信任关系。因此,证书管理是实施安全策略的基础。

(二)密钥管理

密钥管理包括密钥的产生、协商、交换和更新。目的是在通信的终端系统之间建立实现安全策略所需的共享密钥。密钥管理涉及不同的密钥体制、密钥协商协议和密钥更新方法。

(三)安全协作

安全协作是在不同的终端系统之间协商建立可共同采用的安全策略,包括安全策略实施所在层次;具体采用的认证、加密算法和步骤;如何处理差错。

(四)安全算法实现

安全算法实现是指具体算法的实现,如数据加密标准(Data Encryption Standard,简称 DES)、RSA 算法。

(五)安全策略数据库

安全策略数据库保存状态和变量。证书管理、密钥管理和安全策略通常分别由应用程序层、用户、安全策略数据库提供的管理接口导出,可以在不同级别之间进行安全合作。通过查询安全策略数据库,确定如何处理收到的每个消息或数据报。

第四节 安全管理

一、人员管理

提高网络应用系统安全的方向是提高技术因素,减少人为因素。人为因素无法完全消除,所以人员管理是至关重要的。它应该与机房、硬件、软件、数据和网络的各个方面的安全问题相结合。实施安全教育,提高员工的保密意识;加强业务、技术培训,提高业务能力;教育员工严格遵守操作程序、保密法规;阻止相关安全事故的发生。

二、密钥管理

密钥管理是网络安全的关键。目前公认的有效的方法是通过密钥分配中心(Key Distributed Center,简称KDC)来管理和分配密钥,所有用户的公开密钥都由KDC来进行管理和保存。每个用户只保存自己的私有密钥,而当用户需要与其他用户联系时,可以通过KDC来获得其他用户的公开密钥。

三、审计日志

网络操作系统和网络数据库系统都应该具有审计功能,并且由网络管理员检查产生的审核日志,从而掌握网络性能和网络资源操作,找到错误,并进一步改进网络。

四、数据备份

数据备份是增加系统可靠性的重要环节。由网络管理人员定期对信息进行备份,当系统瘫痪时,将损失降低到最小;当系统修复时,及时恢复数据。

五、防病毒

防病毒是计算机安全的重要组成部分。防病毒的第一步是加强杀毒的概念,因此我们必须提高每位工作人员的反病毒意识,减少病毒入侵的机会;同时及时清除病毒,防止系统崩溃。

第五章 入侵检测技术

什么是入侵检测？简单地说，从系统运行过程中产生的或系统的所处理的各种数据中查找出威胁系统安全的因素，并对威胁做出相应的处理，这就是入侵检测。相应的软件或硬件称为入侵检测系统。入侵检测被认为是防火墙之后的第二道安全闸门，该闸门监控网络而又不影响网络性能，为抵御内部攻击、外部攻击和误操作提供实时保护。

第一节 入侵检测概述

一、入侵检测系统的发展历史

"入侵"（Intrusion）是一个广义的概念，不仅包括发起攻击的人（如恶意的黑客）取得超出合法范围的系统控制权，也包括收集漏洞信息、拒绝服务等对计算机系统造成危害的行为。入侵行为不仅来自外部，同时也指内部用户的未授权活动。从入侵策略的角度可将入侵检测的内容分为试图闯入、成功闯入、冒充其他用户、违反安全策略、合法用户的泄露、独占资源与恶意使用。

入侵检测的研究最早可追溯到詹姆斯·安德森（James P. Anderson）在1980年的研究报告。他首次详细阐述了入侵检测的概念，将入侵尝试（Intrusion Attempt）或威胁（Threat）定义为：潜在的有预谋且未经授权访问信息、操作信息，致使系统不可靠或无法使用。在报告中，詹姆斯·安德森还提出审计跟踪可应用于监视入侵活动的思想。但由于当时所有已有的系统安全程序都着重于拒绝未经认证主体对重要数据的访问，这一设想的重要性并未被理解。

二、入侵检测的作用和功能

入侵检测的作用主要有如下几个方面:第一,若能迅速检测到入侵,则有可能在造成系统损坏或数据丢失之前识别并驱除入侵者。第二,若能迅速检测到入侵,则可以减少损失,使系统迅速恢复正常工作,对入侵者造成威胁,阻止其进一步行动。第三,通过入侵检测可以收集关于入侵的技术资料,可用于改进和增强系统抵抗入侵的能力。

入侵检测的功能有如下几个方面:第一,监控、分析用户和系统的活动。第二,核查系统配置和漏洞。第三,评估关键系统和数据文件的完整性。第四,识别攻击的活动模式并向网管人员报警。第五,对异常活动的统计分析。第六,操作系统审计跟踪管理,识别违反政策的用户活动。第七,评估重要系统和数据文件的完整性。

三、入侵检测系统分类

(一)根据原始数据的来源分类

入侵检测系统是对受监控的网络或主机的当前状态进行判断,并且不施加需要基于原始数据中包含的信息进行判断。根据原始数据来源,入侵检测系统可分为基于主机的入侵检测系统、基于网络的入侵检测系统和基于应用的入侵检测系统。

1.基于主机的入侵检测系统

该系统主要用于保护运行关键应用的服务器。它通过监视与分析主机的审计记录和日志文件来检测入侵。日志中包含发生在系统上的不寻常和不期望活动的证据,这些证据可以指出有人正在入侵或已成功入侵了系统。通过查看日志文件,能够发现成功的入侵或入侵企图,并很快地启动相应的应急响应程序。

2.基于网络的入侵检测系统

该系统主要用于实时监控网络密钥路径,它监视网络上的所有数据包,收集数据并分析可疑现象。基于网络的入侵检测系统使用原始网络包作为数据源。基于网络的账号,通常使用在混合模式下运行的网络适配器来通过网络监视和分析所有通信服务。当然,其他特殊硬件也可用于获取原始网络包。

3.基于应用的入侵检测系统

基于应用的入侵检测系统可以说是基于主机的入侵检测系统的一个特殊子集,也可以说是基于主机入侵检测系统实现的进一步的细化,所以其特性、优缺点与基于主机的入侵检测系统基本相同。主要特征是使用监控传感器在应用层收集信息。由于这种技术可以更准确地监控用户某一应用的行为,所以这种技术在日益流行的电子商务中也越来越受到重视。

(二)根据检测原理分类

1.异常检测

在异常检测中,观察到的不是已知的入侵行为,而是所研究的通信过程中的异常现象,它通过检测系统的行为或使用情况的变化来完成。在建立该模型之前,首先必须建立统计概率模型,明确所观察对象的正常情况,然后决定在何种程度上将一个行为标为"异常",以及如何做出具体决策。

2.误用检测

在误用检测中,入侵过程模型及它在被观察系统中留下的踪迹是决策的基础。因此,可以预先定义某些特征的行为是非法的,然后将观察对象与之进行比较以做出判断。误用检测基于已知的系统缺陷和入侵模式,故也称为特征检测。

(三)根据体系结构分类

按照体系结构分类,入侵检测系统可分为集中式、等级式和协作式三种。

1.集中式

这种结构的入侵检测系统可能有多个分布于不同主机上的审计程序,但只有一个中央入侵检测服务器。审计程序把当地收集到的数据发送给中央服务器进行分析处理。但这种结构的入侵检测系统在可伸缩性、可配置性方面存在致命缺陷。随着网络规模的增大,主机审计程序和服务器传送的数据量就会骤增,导致网络性能大大降低。

2.等级式

在这种入侵检测系统中,定义了若干个分等级的监控区域,每个入侵检测系统负责一个区域,每一级入侵检测系统只负责监控区的分析,然后将当地的分析结果传送给上一级入侵检测系统。这种结构也存在一些问题。第一,当网络拓扑结构改变时,区域分析结果的汇总机制也需要做相应的调整。第二,这种结构的入侵检测系统最后还是要把各地收集到的结果传送到最高级的检测服务器进行全局分析,所以系统的安全性并没有实质性的改进。

3.协作式

将中央检测服务器的任务分配给多个基于主机的入侵检测系统,这些入侵检测系统不分等级,各司其职,负责监控当地主机的某些活动。所以,其可伸缩性、安全性都得到了显著的提高,但维护成本却高了很多,并且增加了监控主机的工作负荷,如通信机制、审计开销、踪迹分析等。

第二节 入侵检测行为分类

一、入侵检测步骤

入侵检测一般包括信息收集和数据分析两个步骤。

(一)信息收集

入侵检测的第一步是收集信息,包括系统、网络、数据和用户活动的状态和行为。此外,需要收集计算机网络系统中的许多不同关键点的信息,除了扩展检测范围的因素之外,有时可以从源中看到疑虑。

(二)数据分析

1.模式匹配

模式匹配是将收集到的信息与已知的网络入侵和系统误用模式数据库

进行比较,从而发现违背安全策略的行为。这种方法的一个很大的优点是只需要收集相关数据集,显著减少系统负担,且技术已相当成熟。它与病毒防火墙使用的方法相同,精度和效率都相当高。这种方法的缺点是需要持续升级,以对付不断变化的黑客攻击技术,且无法检测到从未出现过的黑客攻击方法。

2.统计分析

统计分析方法是首先给系统对象(如用户、文件、目录和设备等)创建一个统计描述,统计正常使用时的一些测量属性(如访问次数、操作失败次数和延时等)。具体的统计分析方法如基于专家系统的、基于模型推理的和基于神经网络的分析方法等,目前正处于研究热点和迅速发展之中。

入侵检测的五种统计模型如下:

(1)操作模型

该模型假设异常可通过测量结果与一些固定指标相比较得到,固定指标可以根据经验值或一段时间内的统计平均得到,举例来说,在短时间内的多次失败的登录很有可能是口令尝试攻击。

(2)方差

计算参数的方差,设定其置信区间,当测量值超过置信区间的范围时表明有可能存在异常。

(3)多元模型

多元模型是操作模型的扩展,通过同时分析多个参数实现检测。

(4)马尔可夫过程模型

将每种类型的事件定义为系统状态,用状态转移矩阵来表示状态的变化。当一个事件发生时,而状态矩阵转移的概率较小,则可能是异常事件。

(5)时间序列分析

将事件计数与资源耗用根据时间排成序列,如果一个新事件在该时间发生的概率较低,则该事件可能是入侵。

统计分析方法的最大优点是它可以"学习"用户的使用习惯,从而具有较高检出率与可用性。但是它的"学习"能力也给入侵者以机会通过逐步"训练"使入侵事件符合正常操作的统计规律,从而骗过入侵检测系统。

3.专家系统

用专家系统对入侵进行检测,经常是针对有特征入侵行为。所谓的规则,即知识,不同的系统与设置具有不同的规则,且规则之间往往无通用性。专家系统的建立依赖于知识库的完备性,知识库的完备性又取决于审计记录的完备性与实时性。入侵的特征抽取与表达,是入侵检测专家系统的关键。在系统实现中,将有关入侵的知识转化为if-then结构(也可以是复合结构),if部分为入侵特征,then部分是系统防范措施。运用专家系统防范有特征入侵行为的有效性完全取决于专家系统知识库的完备性。

4.完整性分析

完整性分析主要注重文件或对象是否被更改,这通常包括文件和目录的内容和属性,它在发现被更改的、被特洛伊化的应用程序方面特别有效。它的优点是无论模式匹配方法和统计分析方法能否发现入侵,只要是成功的攻击导致了文件或其他对象的任何改变,它都能够发现。缺点是通常以批处理方式实现,而不是用于实时响应。

二、入侵检测系统通用模型

目前所有的入侵检测系统都根据以上原理,实现一个通用模型。入侵检测系统通用模型由5个主要部分(信息收集器、分析器、响应、数据库和目录服务器)组成。

(一)信息收集器

信息收集器用于收集事件信息。收集的信息将用于分析,确定是否发生入侵。信息收集器通常分为不同的级别:网络级别、主机级别和应用程序级别。对于网络级别,其处理对象是网络数据包;对于主机级别,其处理对象通常是系统的审计记录;对于程序级别,其处理对象通常是运行的日志文件。

(二)分析器

分析器对由信息源生成的事件做分析处理,确定哪些事件与正在发生或者已发生的入侵有关。两个常用的分析方法是误用检测和异常检测。分析器的结果可以被响应,或者保存在数据库做统计。

(三)响应

响应就是当入侵事件发生时,系统采取的一系列动作。这些动作常被分为主动响应和被动响应两类。主动响应能自动干预系统;被动响应给管理员提供信息,再由管理员采取行动。

(四)数据库

数据库保存事件信息,包括正常和入侵事件。数据库还可以用来存储临时处理数据。扮演各个组件之间的数据交换中心的角色。

(五)目录服务器

目录服务器保存入侵检测系统各个组件及其功能的目录信息。在一个比较大的入侵检测系统中,这个部分起着很重要的作用,即改进系统的可维护性和扩展性。

第三节 入侵检测系统的弱点和局限

一、网络入侵检测系统的局限

(一)网络局限

1.交换网络环境

由于共享式HUB可以进行网络监听,将给网络安全带来极大的威胁,故而现在的网络,尤其是高速网络基本上都采用交换机,从而给网络入侵检测系统的网络监听带来干扰。

(1)监听端口

现在较好的交换机都支持监听端口,故很多网络入侵检测系统(Network Intrusion Detection System,简称 NIDS)都连接到监听端口上。通常连接到交换机时都是全双工的,即在 100 MB 的交换机上双向流量可能达到 200 MB,但监听端口的流量最多达到 100 MB,从而导致交换机丢包。

为了节省交换机端口,很可能仅配置一个交换机端口监听多个其他端口。在正常的流量下,监听端口能够全部监听,但在受到攻击的时候,网络流量可能加大,从而使被监听的端口流量总和超过监听端口的上限,引起交换机丢包。

(2)共享式 HUB

在需要监听的网线中连接一个共享式 HUB,从而实现监听的功能。对于小公司而言,在公司与因特网之间放置一个 NIDS,是一个相对廉价并且比较容易实现的方案。采用 HUB,将导致主机的网络连接由全双工变为半双工,并且如果 NIDS 发送的数据通过此 HUB 的话,将增加冲突的可能。

(3)线缆分流

采用特殊的设备,直接从网线中拷贝一份相同的数据,再从一根网线中拷贝出两份数据(每个方向一份),并连接到支持监听的交换机上,最后 NIDS 连接到此交换机上。这种方案不会影响现有的网络系统,但需要增加交换机,价格不菲,并且面临与监听端口同样的问题。

2.网络拓扑局限

对于一个较复杂的网络而言,通过精心的发包,可以导致 NIDS 与受保护的主机收到的包的内容或者顺序不一样,从而绕过 NIDS 的监测。

(1)其他路由

由于一些非技术的因素,可能存在其他的路由可以绕过 NIDS 到达受保护主机(例如某个被忽略的调制解调器,但调制解调器旁没有安装 NIDS)。如果 IP 源路由选项允许的话,可以通过精心设计 IP 路由绕过 NIDS。

（2）生存时间值（Time to Live，简称TTL）

如果数据包到达NIDS与受保护的主机的HOP数不一样，那么可以通过精心设置TTL值来使某个数据包只能被NIDS或者只能被受保护主机收到，从而使NIDS的Sensor与受保护主机收到的数据包不一样，进而绕过NIDS的监测。

（二）检测方法局限

NIDS常用的检测方法有特征检测、异常检测、状态监测、协议分析等。实际中的商用入侵检测系统大都同时采用几种检测方法。

NIDS不能处理加密后的数据。如果数据传输中被加密，即使只是简单的替换，NIDS也难以处理，例如采用SSH（Secure Shell）、HTTPS（Htransfer Protocol Secure）、带密码的压缩文件等手段，都可以有效地防止NIDS的检测。NIDS难以检测重放攻击、中间人攻击，对网络监听也无能为力。

（三）资源及处理能力局限

1.针对NIDS的DoS攻击

（1）大流量冲击

攻击者向被保护网络发送大量的数据，超过NIDS的处理能力时，将会发生丢包的情况，从而可能导致入侵行为漏报。

（2）IP碎片攻击

攻击者向被保护网络发送大量的IP碎片（如TARGA3攻击），超过NIDS能同时进行的IP碎片重组能力时，将导致通过IP分片技术进行的攻击漏报。

（3）ICP Connect Flooding

攻击者创建或者模拟出大量的TCP连接（可以通过上面介绍的IP重叠分片方法），超过NIDS同时监控的TCP连接数的上限时，将导致多余的TCP连接不能被监控。

（4）Alert Flooding

攻击者可以参照网络上公布的检测规则，在攻击的同时故意发送大量的将会引起NIDS报警的数据（如stick攻击），将可能超过NIDS发送报警的速度,从而产生漏报,并且使网管收到大量的报警,难以分辨出真正的攻击。

(5)Log Flooding

攻击者发送大量的将会引起NIDS报警的数据,最终导致NIDS进行Log的空间被耗尽,从而删除先前的Log记录。

2.内存及硬盘限制

如果NIDS希望提高能够同时处理的IP碎片重组及TCP连接监控能力,这将需要更多的内存用作缓冲。如果NIDS的内存分配及管理不好的话,将使系统在某种特殊的情况下耗费大量的内存。如果开始使用虚拟内存,那么将有可能发生内存抖动。

二、主机入侵检测系统的局限

(一)资源局限

由于主机入侵检测系统(HIDS)安装在被保护主机上,故所占用的资源不能太多,从而大大限制了所采用的检测方法及处理性能。

(二)操作系统局限

不像可以自己定制一个足够安全的操作系统来保证自身的安全,HIDS的安全性受其所在主机的操作系统的安全性限制,如果所在系统被攻破,HIDS将很快被清除。如果HIDS为单机,那么它基本上只能检测没有成功的攻击;如果HIDS为传感器／控制台结构,那么将面临与NIDS同样的对相关系统的攻击。

(三)系统日志限制

HIDS会通过监测系统日志来发现可疑的行为,但有些程序的系统日志并不足够详细,或者没有日志,因为有些入侵行为本身不会被具有系统日志的程序记录下来。

如果系统没有安装第三方日志系统,则系统自身的日志系统很快会受到入侵者的攻击或修改,而入侵检测系统通常不支持第三方的日志系统。

如果 HIDS 没有实时检查系统日志,那么利用自动化工具进行的攻击将完全可能在检测间隔中完成所有的攻击工程并清除在系统日志中留下的痕迹。

(四)被修改过的系统核心能够骗过文件检查

如果入侵者修改系统核心,那么可以骗过基于文件一致性检查的工具。这就像当初某些病毒一样,当它们认为受到检查或者跟踪的时候将会把原来的文件或者数据提供给检查工具或者跟踪工具。

(五)网络检测局限

有些 HIDS 可以检查网络状态,但这将面临 NIDS 所面临的很多问题。

三、入侵检测系统面临的挑战

IDS 技术主要面临着三大挑战。

(一)提高入侵检测系统的检测速度,适应网络通信的要求

网络安全设备的处理速度一直是影响网络性能的一大瓶颈。虽然 IDS 通常以并联方式接入网络,但如果其检测速度跟不上网络数据的传输速度,那么检测系统就会漏掉其中的部分数据包,从而导致漏报而影响系统的准确性和有效性。在 IDS 中,截获网络的每一个数据包,并分析、匹配其中是否具有某种攻击的特征需要花费大量的时间和系统资源,而大部分现有的 IDS 只有几十兆的检测速度,随着百兆、千兆网络的大量应用,IDS 技术发展的速度已经远远落后于网络发展的速度。

(二)减少入侵检测系统的漏报和误报,提高其安全性和准确度

基于模式匹配分析方法的 IDS 将所有入侵行为和手段及其变种表达为一种模式或特征,检测主要判别网络中搜集到的数据特征是否在入侵模式库中出现,因此,面对着每天都有新的攻击方法产生和新漏洞发布,攻击特

征库不能及时更新是造成 IDS 漏报的一大原因。而基于异常发现的 IDS 通过流量统计分析建立系统正常行为的轨迹,当系统运行时的数值超过正常阈值,则认为可能受到攻击,该技术本身就导致了其漏报、误报率较高。

(三)提高入侵检测系统的互动性能,提高整个系统的安全性能

在大型网络中,网络的不同部分可能使用了多种入侵检测系统,甚至还有防火墙、漏洞扫描等其他类别的安全设备。这些入侵检测系统之间及 IDS 和其他安全组件之间如何交换信息,共同协作来发现攻击、做出响应并阻止攻击是关系整个系统安全性的重要因素。

四、入侵检测系统的发展趋势

随着网络技术和网络规模的不断发展,人们对于计算机网络的依赖也在不断增强。与此同时,针对网络系统的攻击越来越普遍,攻击手法日趋复杂。IDS 随着网络技术和相关学科的发展日趋成熟,其未来发展的趋势主要表现在以下几个方面。

(一)宽带高速实时的检测技术

大量高速网络技术如 ATM(Asynchronous Transfer Mode)、千兆以太网等近年来相继出现,在此背景下的各种宽带接入手段层出不穷。如何实现高速网络下的实时入侵检测已经成为面临的现实问题。目前的千兆 IDS 产品其性能指标与实际要求相差很远。要提高其性能,主要需考虑以下两个方面:首先,IDS 的软件结构和算法需要重新设计,以期适应高速网的环境,提高运行速度和效率;其次,随着高速网络技术的不断发展与成熟,新的高速网络协议的设计也必将成为未来发展的趋势,那么,现有 IDS 如何适应和利用未来的新网络协议将是一个全新的挑战。

(二)大规模分布式的检测技术

传统的集中式 IDS 的基本模型是在网络的不同网段放置多个探测器收集当前网络状态的信息,然后将这些信息传送到中央控制台进行处理分析。

这种方式存在明显的缺陷。第一,对于大规模的分布式攻击,中央控制台的负荷将会超过其处理极限,这种情况会造成大量信息处理的遗漏,导致漏警率的增高。第二,多个探测器收集到的数据在网络上的传输会在一定程度上增加网络负担,导致网络系统性能的降低。第三,由于网络传输的时延问题,中央控制台处理的网络数据包中所包含的信息只反映了探测器接收到它时网络的状态,不能实时反映当前网络状态。

面对以上问题,新的解决方法也随之产生。例如,普渡大学开发的AAF-ID(Autonomous Agents for Intrusion Detection)系统是一种采用树型分层构造的代理群体,最根部的监视器代理提供全局的控制、管理及分析由上一层结点提供的信息,树叶部分的代理专门用来收集信息。处在中间层的代理被称为收发器,这些收发器一方面实现对底层代理的控制,另一方面可以起到信息的预处理过程,把精练的信息反馈给上层的监视器。这种结构采用了本地代理处理本地事件,中央代理负责整体分析的模式。与集中式不同,它强调通过全体智能代理的协同工作来分析入侵策略。这种方法明显优于前者,但同时带来一些新的问题,如代理间的协作、代理间的通信等。这些问题仍在进一步研究之中。

(三)数据挖掘技术

操作系统的日益复杂和网络数据流量的急剧增加,导致了审计数据以惊人速度剧增。如何在海量的审计数据中提取出具有代表性的系统特征模式,以便对程序和用户行为做出更精确的描述,是实现入侵检测的关键。

数据挖掘技术是一项通用的知识发现技术,其目的是要从海量数据中提取对用户有用的数据。在入侵检测领域,该技术利用数据挖掘中的关联分析、序列模式分析等算法提取相关的用户行为特征,并根据这些特征生成安全事件的分类模型,应用于安全事件的自动鉴别。一个完整的基于数据挖掘的入侵检测模型要包括对审计数据的采集、数据预处理、特征变量选取、算法比较、挖掘结果处理等一系列过程。这项技术难点在于如何根据具体应用的要求,从用于安全的先验知识出发,提取出可以有效反映系统特性的特征属性,应用适合的算法进行数据挖掘。另一技术难点在于如何将挖掘结果自动地应用到实际的IDS中。目前,国际上在这个方向上的研究很活跃,这些研究多数得到了国家自然科学基金的支持。但也应看到,数据挖掘技术用于入侵检测的研究总体上来说还处于理论探讨阶段,离实际应用还有相当距离。

(四)更先进的检测算法

在入侵检测技术的发展过程中,新算法的出现可以有效提高检测的效率。以下三种机器学习算法为当前检测算法的改进注入新的活力。它们分别是计算机免疫技术、神经网络技术和遗传算法。

计算机免疫技术是直接受到生物免疫机制的启发而提出的。生物系统的脆弱性因素都是由免疫系统来妥善处理的,而这种免疫机制在处理外来异体时呈现了分布的、多样性的、自治的及自修复的特征,免疫系统通过识别异常或以前未出现的特征来确定入侵。计算机免疫技术为入侵检测提供了以下思路,即通过正常行为的学习来识别不符合常态的行为序列。在这方面,人们已经做了若干研究工作,仍有待于进一步深入。

神经网络技术在入侵检测中研究的时间较长,并在不断发展。早期的研究通过训练向后传播神经网络来识别已知的网络入侵,进一步研究识别未知的网络入侵行为。今天的神经网络技术已经具备相当强的攻击模式分析能力,它能够较好地处理带噪声的数据,而且分析速度很快,可以用于实时分析。现在提出了各种其他的神经网络架构诸如自组织特征映射网络等,以期克服后向传播网络的若干限制性缺陷。

遗传算法在入侵检测中的应用时间不长,在一些研究试验中,利用若干字符串序列来定义用于分析检测的指令组,用以识别正常或者异常行为的这些指令在初始训练阶段中不断进化,提高分析能力。该算法的应用还有待于进一步的研究。

(五)入侵响应技术

当 IDS 分析出入侵行为或可疑现象后,系统需要采取相应手段,将入侵造成的损失降到最低程度。一般可以通过生成事件告警、E-mail 或短信息来通知管理员。随着网络的日益复杂和安全要求的提高,更加实时的和系统自动入侵响应方法正逐渐被研究和应用。这类入侵响应大致分为三类:系统保护、动态策略和攻击对抗。

第四节 入侵检测方法

一、入侵检测产品的评估

(一)能保证自身的安全

和其他系统一样,入侵检测系统本身也往往存在安全漏洞。查询 bugtraq 的邮件列表,诸如 Axent Net Prowler、NFR、ISS Realsecure 等知名产品都有漏洞被发觉出来。若对入侵检测系统攻击成功,则直接导致其报警失灵,入侵者在其后所做的行为将无法被记录。因此,入侵检测系统首先必须保证自己的安全性。

(二)运行与维护系统的开销

较少的资源消耗,不影响受保护主机或网络的正常运行。

(三)入侵检测系统报警准确率

误报和漏报的情况尽量少。

(四)网络入侵检测系统负载能力及可支持的网络类型

根据网络入侵检测系统所部署的网络环境不同要求也不同。若在 512 KB 或 2 MB 专线上部署网络入侵检测系统,则不需要高速的入侵检测引擎,而在负荷较高的环境中,性能是一个非常重要的指标。网络入侵检测系统是非常消耗资源的,但很少有厂商公布自己的PPS(Packet Per Second)参数。

(五)支持的入侵特征数和升级能力及方便性

IDS的最主要的指标之一就是它能够发现入侵方式的数量。几乎每个星期都有新的漏洞和攻击方法出现,如果仅仅能够识别少量的攻击方法或者版本升级缓慢,根本无法保证网络的安全。产品的升级方式是否灵活也影响到它的功能发挥作用。一个好的实时检测产品应该在强大的技术支持力量的基础上进行经常性的升级,并且可以直接通过英特网或是下载升级包进行升级。

(六)是否支持IP碎片重组

在入侵检测中,分析单个数据包会导致许多误报和漏报,但重组IP碎片可以提高检测的精确度。而且,IP碎片是网络攻击中常用的方法,因此,IP碎片的重组还可以检测利用IP碎片的攻击。IP碎片重组的评测标准有三个性能参数:能重组的最大IP分片数;能同时重组的IP包数:能进行重组的最大IP数据包的长度。

(七)是否支持TCP流重组

TCP流重组是为了对完整的网络对话进行分析,它是网络入侵检测系统对应用层进行分析的基础,如检查邮件内容、附件,检查FTP传输的数据,禁止访问有害网站,判断非法HTTP请求等。

二、入侵检测系统实例

(一)英特网 Security System(ISS)公司的LinkTrustTM IDS

领信入侵检测系统(LinkTrustTM IDS)是著名的信息安全实验室"iS-One Security Lab"成功推出的新一代入侵检测与防护系统。安氏集多年的网络安全产品开发及工程实施经验,以及作为IDS市场领导者体会的用户需求,采用当今世界先进的核心技术,完成了LinkTrustTM IDS产品开发工作。LinkTrustTM IDS采用了许多先进技术和设计,如专用硬件承载平台设计、复杂协议分析和模式匹配的融合技术、多层分布式体系结构设计、完全远程升级技术、数据相关性分析技术等。

领信入侵检测系统采用先进的三层分布式体系结构。三层分布式体系结构更加灵活,可伸缩性和可生存性更好。三层分布式结构的核心就是中间层的事件收集器。

事件收集器是控制台和传感器的枢纽,它负责从传感器收集事件数据并传送给控制台和企业数据库。事件收集的工作由独立的部件完成,大大减轻了控制台工作负荷。安全事件的数据随着监控的网络规模的增大、安全事件的增多、安全审计的要求,数据量会呈爆炸性增长,因此对数据库软件和硬件平台的要求更高,数据存储在中间层会增加安全性和提高性能,增加部署方案的灵活性。

在三层分布式结构中各部件可以运行在一台计算机上,也可以分布运行在多台计算机上。各部件可以是一对多或者多对多的关系。

LinkTrustTM IDS功能特点如下:

1.先进的网络入侵检测技术

LinkTrustTM IDS采用先进的网络协议分析检测技术与传统的模式匹配检测技术结合的方式构造了新一代的网络传感器。其优点是显著提高了检测效率、降低了误报率、对未知攻击方法具有免疫力、占用系统资源更少、支持大数据流量的检测。

2.增强的主机入侵检测技术

基于主机的入侵检测传感器在传统的监控系统日志和普通系统活动基础上,增加了对内核级系统事件、网络活动、Web应用程序的检测。通过分析关键服务器的内核级事件、主机日志和网络活动,执行实时的入侵检测并阻止恶意活动。

3.全面的检测能力

LinkTrustTM IDS有全面的入侵检测特征库,能识别1200多种已知攻击特征,对一些未知的攻击特征也可以检测。

4.支持千兆检测能力

LinkTrustTM IDS的网络传感器和千兆网络传感器采用了新设计的高性能信息包驱动器和最先进的协议分析技术,使LinkTrustTM IDS不仅支持100%百兆流量检测速度,而且具有高达90%的千兆流量检测能力。

5.动态配置防火墙

LinkTrustTM IDS可以动态配置LinkTrustTM CyberWalK Checkpoint、Lucent的防火墙规则,提升防火墙的安全防护能力。

6.高性能、高可靠性硬件设计

LinkTrustTM IDS网络传感器运行在专门设计的硬件设备上。操作系统经精简、加固等处理和各种安全性测试工作,确保系统本身的安全性和高效率。硬件设备采用基于Intel架构的专用搭载平台,具有高可靠性、安全性、环境适应性等特点,广泛用于电信、金融、政府和军事等领域。

7.全中文用户界面

用户可以通过全中文控制台界面进行管理和配置,访问中文联机帮助,生成中文报告等,用户感觉更加亲切、工作效率更高。中文联机帮助采用智能化设计,使用户能迅速找到所需信息。

8.广泛的响应方式

LinkTrustTM IDS提供了丰富的响应方式,如记录下事件的详细内容、实时观看或回放事件的原始记录、向控制台发出警告、发出提示性的电子邮件、向网络管理平台发出SNMP消息、自动终止攻击、挂起用户账号、重新配置防火墙、阻断可疑网络流量、执行一个用户自定义的响应程序等。

9.强大的图形报告系统

强大的图形报告系统能加快监控和审查过程,节省用户时间和费用。报告系统支持过滤功能,用户可以方便、快捷地定制各种报告。报告面向不同读者,内容各有侧重、形式多样,有管理层阅读的概括、趋势报告,有技术人员阅读的详细技术报告,有文字报告、图形报告等。

10.全远程自动升级功能

全远程自动升级过程允许过时的网络传感器或主机传感器能够轻松地升级到当前版本。通过安氏网站,用户可在线远程自动更新攻击特征库或升级产品,补充最新发现的攻击特征签名,拥有最新的产品特性。

(二)Computer Associates(CA)公司的 eTrust Intrusion De-tection(eID)

eID 提供了全面的网络保护功能,其内置主动防御功能可以防止破坏的发生。这种高性能且使用方便的解决方案在单一软件包中提供了最广泛的监视、入侵和攻击探测、非法 URL 探测和阻塞、警告、记录和实时响应。该系统具有以下独特的功能。

1.网络访问控制

eID 使用基本规则定义可以访问特定网络资源的用户访问,从而确保只对网络资源进行授权访问。

2.高级反病毒引擎

高级反病毒引擎能够探测包含计算机病毒的网络流量的病毒扫描引擎。它可以防止用户在不知情的情况下下载受病毒感染的文件。从 CA Web 站点可以得到最新和更新后的病毒特征码。

3.全面的攻击模式库

eID 可以自动探测来自网络流量的攻击模式(即使是正在进行的攻击)。定期更新的攻击模式库可以从 CA Web 站点获得,能够确保入侵检测保持最新。

4.URL 阻塞

管理员可以指定不允许用户访问的 URL,从而防止了非工作性 Web 冲浪。

5.内容扫描

管理员通过 eID 可以定义策略对内容进行检查。这可以防止在没有授权的情况下通过电子邮件或 Web 发送敏感数据。

6.网络使用情况记录

eID允许网络管理员跟踪最终用户、应用程序等的网络使用情况。它有助于改进网络策略规划和提供精确的网络收费。

7.集中化监控

网络管理员可以从本地或远程监控运行eID的一个或多个站,在不同网络段(本地或远程)上安装了受中央站控制的eID代理后,管理员可以根据搜集到的合并信息查看报警和生成报告。

8.远程管理

远程用户可以使用TCP／IP或者调制解调器连接访问运行eID的站。在连接后,根据eID管理员定义的权限,用户可以查看和监控eID数据、更改规则及创建报告。

第六章 防火墙技术

第一节 软硬件防火墙概述

一、防火墙的基础知识

可以说计算机网络已成为企业赖以生存的命脉,企业内部通过Intranet进行管理、运行,同时要通过因特网从异地取回重要数据,以及客户、销售商、移动用户、异地员工访问内部网络。可是开放的英特网带来各种各样的威胁,因此,企业必须加筑安全的屏障,把威胁拒之于门外,将内网保护起来。对内网保护可以采取多种方式,最常用的就是防火墙。

防火墙(Firewall)是目前一种最重要的网络防护设备。人们借助了建筑上的概念,在人们建筑和使用木质结构房屋的时候,为了使"城门失火"不致"殃及池鱼",将坚固的石块堆砌在房屋周围作为屏障,以进一步防止火灾的发生和蔓延。这种防护构筑物被称为防火墙。在现在的信息世界里,由计算机硬件或软件系统构成防火墙来保护敏感的数据不被窃取和篡改。

防火墙是目前网络安全领域认可程度最高、应用范围最广的网络安全技术。

二、防火墙的功能

在逻辑上,防火墙是分离器,也是限制器,更是一个分析器,有效地监控了内部网和英特网之间的任何活动,保证了内部网络的安全。典型的防火墙具有以下三个方面的基本特性。

(一)内部网络和外部网络之间的所有网络数据流都必须经过防火墙

防火墙安装在信任网络(内部网络)和非信任网络(外部网络)之间,通过防火墙可以隔离非信任网络(一般指的是因特网)与信任网络(一般指的是内部局域网)的连接,同时不会妨碍人们对非信任网络的访问。

内部网络和外部网络之间的所有网络数据流都必须经过防火墙是防火墙所处网络位置的特性,同时也是一个前提。因为只有当防火墙是内、外部网络之间通信的唯一通道,才可以全面、有效地保护企业内部网络不受侵害。

防火墙的目的就是在网络连接之间建立一个安全控制点,通过允许、拒绝或重新定向经过防火墙的数据流,实现对进、出内部网络的服务和访问的审计和控制。

(二)只有符合安全策略的数据流才能通过防火墙

防火墙最基本的功能是根据企业的安全策略控制(允许、拒绝、监测)出入网络的信息流,确保网络流量的合法性,并在此前提下,将网络流量快速地从一条链路转发到另外的链路上。

(三)防火墙自身具有非常强的抗攻击能力

防火墙自身具有非常强的抗攻击能力,是担当企业内部网络安全防护重任的先决条件。防火墙处于网络边缘,就像一个边界卫士一样,每时每刻都要面对黑客的入侵,这样就要求防火墙自身要具有非常强的抗击入侵本领。

简单而言,防火墙是位于一个或多个安全的内部网络和外部网络之间进行网络访问控制的网络设备。防火墙的目的是防止不期望的或未授权的用户和主机访问内部网络,确保内部网正常、安全地运行。通俗来说,防火墙决定了哪些内部服务可以被外界访问,以及哪些外部服务可以被内部人员访问。防火墙必须只允许授权的数据通过,而且防火墙本身也必须能够免于渗透。

防火墙除了具备上述三个基本特性外,一般来说,还具有以下几种功能：针对用户制定各种访问控制策略、对网络存取和访问进行监控审计、支持VPN功能、支持网络地址转换、支持身份认证等。

三、防火墙的局限性

防火墙的局限性包括以下几个方面：①防火墙不能防范不经过防火墙的攻击。没有经过防火墙的数据，防火墙无法检查，如个别内部网络用户绕过防火墙、拨号访问等。②防火墙不能解决来自内部网络的攻击和安全问题。③防火墙不能防止策略配置不当或错误配置引起的安全威胁。防火墙是一个被动的安全策略执行设备，就像门卫一样，要根据政策规定来执行安全，而不能自作主张。④防火墙不能防止利用标准网络协议中的缺陷进行的攻击。一旦防火墙准许某些标准网络协议，就不能防止利用该协议中的缺陷进行的攻击。⑤防火墙不能防止利用服务器系统漏洞所进行的攻击。黑客通过防火墙准许的访问端口，对该服务器的漏洞进行攻击，防火墙不能防止。⑥防火墙不能防止受病毒感染的文件的传输。防火墙本身并不具备查杀病毒的功能。⑦防火墙不能防止可接触的人为或自然的破坏。防火墙是一个安全设备，但防火墙本身必须存在于一个安全的地方。

第二节 防火墙分类

目前，市场上的防火墙产品非常多，划分标准很多。大致上从不同的角度划分如下：

①按性能分类：百兆防火墙、千兆防火墙和万兆防火墙。

②按形式分类：软件防火墙和硬件防火墙。

③按被保护对象分类：单机防火墙和网络防火墙。

一、软件防火墙和硬件防火墙

软件防火墙运行于特定的计算机上，需要客户预先安装好计算机操作系统的支持。一般来说，这台计算机就是整个网络的网关。软件防火墙像其他软件产品一样,需要先在计算机上安装并做好配置才可以使用。防火墙厂商中做网络版软件防火墙最出名的莫过于 Check Point。使用这类防火墙,需要网络管理员对所工作的操作系统平台比较熟悉。

硬件防火墙一般是通过网线连接外部网络接口与内部服务器或企业网络之间的设备。这里又另外划分出两种结构,一种是普通硬件级防火墙,另一种是所谓的"芯片"级硬件防火墙。

普通硬件级防火墙大多基于 PC 架构,就是说,与普通的家庭使用的 PC 没有太大区别。在这些 PC 架构计算机上运行一些经过裁剪和简化的操作系统,最常用的有老版本的 UNIX、Linux 和 FreeBSD 系统。这种防火墙措施相当于专门使用一台计算机安装软件防火墙,除了不需要处理其他事务以外,还是一般的操作系统。此类防火墙采用的依然是其他厂商的内核,因此依然会受到 OS(Operating System,操作系统)本身的安全性影响。

"芯片"级硬件防火墙基于专门的硬件平台,使用专用的操作系统。因此,防火墙本身的漏洞比较少,在上面搭建的软件也是专门开发的,专有的 ASIC 芯片使其比其他种类的防火墙速度更快,处理能力更强,性能更高。这类防火墙最出名的厂商有 NetScreen、FortiNet、Cisco 等。

软件防火墙成本比较低,硬件防火墙成本高,购进一台 PC 架构防火墙的成本至少要几千元,高档次的"芯片"级硬件防火墙方案更是需要十万元以上。

二、单机防火墙和网络防火墙

单机防火墙通常采用软件方式,将软件安装在各个单独的计算机上,通过对单机的访问控制进行配置来达到保护某单机的目的。该类防火墙功能单一,利用网络协议,按照通信协议来维护主机,对主机的访问进行控制和防护。

网络防火墙采用软件方式或者硬件方式,通常安装在内部网络和外部网络之间,用来维护整个系统的网络安全。管理该类型防火墙通常是公司的网络管理员。这部分人员相对技术水平比较高,对网络、网络安全的认识及公司的整体安全策略的认识都比较高。通过对网络防火墙的配置能够使整个系统运行在一个相对较高的安全层次。同时,也能够使防火墙功能得到尽可能的发挥,制定比较全面的安全策略。

三、防火墙的体系结构

防火墙的体系结构也有很多种,在设计过程中应该根据实际情况进行考虑。下面介绍几种主要的防火墙体系结构。

(一)双宿主主机体系结构

首先介绍堡垒主机(Bastion Host)。堡垒主机是一种配置了安全防范措施的网络上的计算机,其为网络之间的通信提供了一个阻塞点。如果没有堡垒主机,网络之间将不能相互访问。

双宿主主机位于内部网和因特网之间,一般来说,是用一台装有两块网卡的堡垒主机做防火墙。这两块网卡各自与受保护网和外部网相连,分别属于内外两个不同的网段。

堡垒主机上运行着防火墙软件,可以转发应用程序、提供服务等。双宿主主机网关中的堡垒主机的系统软件虽然可用于维护系统日志,但弱点也比较突出。一旦黑客侵入堡垒主机,并使其只具有路由功能,任何网上用户均可以随便访问内部网。双宿主主机这种体系结构非常简单,一般通过Proxy(代理)来实现,或者通过用户直接登录到该主机来提供服务。

(二)被屏蔽主机体系结构

屏蔽主机防火墙易于实现,由一个堡垒主机屏蔽路由器组成,堡垒主机被安排在内部局域网中,同时在内部网和外部网之间配备了屏蔽路由器。在这种体系结构中,通常在路由器上设立过滤规则,外部网络必须通过堡垒主机才能访问内部网络中的资源,并使这个堡垒主机成为从外部网络唯一可直接到达的主机;对内部网的基本控制策略由安装在堡垒主机上的软件决定,这确保了内部网络不受未被授权的外部用户的攻击。

内部网络中的计算机则可以通过堡垒主机或者屏蔽路由器访问外部网络中的某些资源,即在屏蔽路由器上应设置数据报过滤原则。

(三)被屏蔽子网体系结构

在实际的运用中,某些主机需要对外提供服务。为了更好地提供服务,同时又要有效地保护内部网络的安全,将这些需要对外开放的主机与内部的众多网络设备分隔开来,应根据不同的需要,有针对性地采取相应的隔离措施。这样便能在对外提供友好的服务的同时,最大限度地保护内部网络。针对不同资源提供不同安全级别的保护,这样就构建一个DMZ(Demilitarized Zone)区域,中文名称为"隔离区"或者"非军事化区"。在这种体系结构中,可以看到防火墙连接一个DMZ区。

规划一个拥有DMZ的网络时,需要明确各个网络之间的访问关系,确定DMZ网络中以下访问控制策略:①内部网络可以访问外部网络,在这一策略中,防火墙需要进行源地址转换,以达到隐蔽真实地址、控制访问的功能;②内部网络可以访问DMZ,方便用户使用和管理DMZ中的服务器;③外部网络不能访问内部网络;④外部网络可以访问DMZ中的服务器,同时需要由防火墙完成对外地址到服务器实际地址的转换;⑤DMZ不能访问内部网络;⑥DMZ不能访问外部网络,此条策略也有例外,例如,DMZ中放置邮件服务器时,就需要访问外部网络,否则将不能正常工作。

四、防火墙技术分类

防火墙技术的发展大致分为五个阶段。

(一)包过滤防火墙

第一代防火墙技术几乎与路由器同时出现,采用了包过滤(Packet Filter)技术。由于多数路由器中本身就包含有分组过滤功能,所以网络访问控制可通过路由控制来实现,从而使具有分组过滤功能的路由器成为第一代防火墙产品。

(二)代理防火墙

第二代防火墙工作在应用层,能够根据具体的应用对数据进行过滤或者转发,也就是人们常说的代理服务器、应用网关。这样的防火墙彻底隔断内部网络与外部网络的直接通信。内部网络用户对外部网络的访问变成防火墙对外部网络的访问,然后由防火墙把访问的结果转发给内部网络用户。

(三)状态检测防火墙

南加利福尼亚大学(University of Southern California,简称USC)信息科学院的Bob Braden开发出了基于动态包过滤(Dynamic Packet Filter)技术的防火墙,也就是目前所说的状态检测(State Inspection)技术。以色列的Check Point公司开发出了第一个采用这种技术的商业化产品。根据TCP,每个可靠连接的建立需要经过三次握手。状态检测防火墙就是基于这种连接过程,根据数据包状态变化来决定访问控制的策略。

(四)复合型防火墙

美国网络联盟公司(NAI)推出了一种自适应代理(Adaptive Proxy)技术,并在其复合型防火墙产品Gauntlet Firewall for NT中得以实现。复合型防火墙结合了代理防火墙的安全性和包过滤防火墙的高速度等优点,实现第3层至第7层自适应的数据过滤。

(五)下一代防火墙

随着网络应用的高速增长和移动业务应用的爆发式出现,发生在应用层网络安全事件越来越多,过去简单的网络攻击也完全转变成混合攻击为主,单一的安全防护措施已经无法有效解决企业面临的网络安全挑战。随着网络带宽的提升,网络流量巨大,针对大流量地进行应用层的精确识别,对防火墙的性能要求也越来越高。下一代防火墙(Next Generation Firewall,简称NG Firewall)就是在这种背景下出现的。为应对当前与未来新一代的网络安全威胁,著名咨询机构Gartner认为防火墙必须具备一些新的功能,例如基于用户防护和面向应用安全等功能。通过深入洞察网络流量中的用户、应用和内容，并借助全新的高性能并行处理引擎，在性能上有很大的提升。一些企业把具有多种功能的防火墙称为"下一代防火墙"，现在许多企业的防火墙都称为"下一代防火墙"。

五、防火墙CPU架构分类

按照防火墙CPU架构分类，可以分为通用CPU、专用集成电路（Application-tion Specific Integrated Circuit，简称ASIC）、网络处理器（Network Processor，简称NP）架构防火墙。

（一）Intel x86（通用CPU）架构防火墙

通用CPU架构目前在国内的信息安全市场上是最常见的，其多数是基于Intel x86系列架构的产品，又被称为工控机防火墙。在百兆防火墙中，Intel x86架构的硬件具有高灵活性、扩展性开发、设计门槛低、技术成熟等优点。

由于采用了PCI总线接口，Intel x86架构的硬件虽然理论上能达到2 Gbit / s的吞吐量，但是x86架构的硬件并非为了网络数据传输而设计，对数据包的转发性能相对较弱，在实际应用中，尤其是在小包情况下，远远达不到标称性能。

（二）ASIC架构防火墙

ASIC技术是国外高端网络设备几年前广泛采用的技术。采用ASIC技术可以为防火墙应用设计专门的数据包处理流水线，优化存储器等资源的利用。基于硬件的转发模式、多总线技术、数据层面与控制层面分离等技术，ASIC架构防火墙解决了带宽容量和性能不足的问题，稳定性也得到了很好的保证。

ASIC技术开发成本高，开发周期长，并且难度大。ASIC技术的性能优势主要体现在网络层转发上，对于需要强大计算能力的应用层数据的处理，则不占优势。由于不可对ASIC编程，所以根本无法添加新的功能，而且面对频繁变异的应用安全问题,其灵活性和扩展性也难以满足要求。

(三)NP架构防火墙

NP是专门为处理数据包而设计的可编程处理器,特点是内含了多个数据处理引擎。这些引擎可以并发进行数据处理工作,在处理2~4层的分组数据上,比通用处理器具有明显的优势,能够直接完成网络数据处理的一般性任务。硬件体系结构大多采用高速的接口技术和总线规范,具有较高的I／O能力,包处理能力得到了很大提升。

NP具有完全的可编程性、简单的编程模式、开放的编程接口及第三方支持能力,一旦有新的技术或者需求出现,资深设计师可以很方便地通过微码编程实现。这些特性使基于NP架构的防火墙与传统防火墙相比,在性能上得到了很大提高。NP防火墙和ASIC防火墙实现原理相似,但其升级和维护优于ASIC防火墙。若从性能和编程灵活性一起考虑,多核架构防火墙会胜出。

(四)多核架构防火墙

多核处理器在同一个硅晶片上集成了多个独立物理核心(所谓核心,就是指处理器内部负责计算、接受／存储命令、处理数据的执行中心,可以理解成一个单核CPU),每个核心都具有独立的逻辑结构,包括缓存、执行单元、指令级单元和总线接口等逻辑单元,通过高速总线、内存共享进行通信。多核处理器编程开发周期短,数据转发能力强。目前国内外大多数厂家都采用多核处理器。

第三节 防火墙实现技术原理

一、包过滤防火墙

(一)包过滤防火墙的原理

包过滤防火墙是一种通用、廉价、有效的安全手段。包过滤防火墙不针对各个具体的网络服务采取特殊的处理方式,而大多数路由器都提供分组过滤功能,同时能够很大程度地满足企业的安全要求。

包过滤防火墙工作在网络层,在网络层实现数据的转发。包过滤模块一般检查网络层、传输层内容,包括:①源、目的 IP 地址;②源、目的端口号;③协议类型;④TCP 数据报的标志位。

通过检查模块,防火墙拦截和检查所有进站和出站的数据。

防火墙检查模块首先验证这个数据包是否符合规则。无论是否符合过滤规则,防火墙一般都要记录数据包的情况,对不符合规则的数据包要进行报警或通知管理员。对丢弃的数据包,防火墙可以给发送方一个消息,也可以不发。如果返回一个消息,攻击者可能会根据拒绝包的类型猜测出过滤规则的大致情况,所以是否返回消息要慎重。

(二)包过滤防火墙的特点

包过滤防火墙的优点:①利用路由器本身的包过滤功能,以访问控制列表(Access Control List,简称 ACL)方式实现;②处理速度较快;③对安全要求低的网络采用路由器附带防火墙功能的方法,不需要其他设备;④对用户来说是透明的,用户的应用层不受影响。

包过滤防火墙的缺点:①无法阻止"IP 欺骗",黑客可以在网络上用伪造的 IP 地址、路由信息欺骗防火墙;②对路由器中过滤规则的设置和配置十分复杂,涉及规则的逻辑一致性、作用端口的有效性和规则库的正确性,一般的网络系统管理员难以胜任;③不支持应用层协议,无法发现基于应用层的攻击,访问控制粒度粗;④实施的是静态的、固定的控制,不能跟踪 TCP 状态,例如配置了仅允许从内到外的 TCP 访问时,一些以 TCP 应答包的形式从外部对内部网络进行的攻击仍可以穿透防火墙;⑤不支持用户认证,只判断数据包来自哪台机器,不能判断来自哪个用户。

(三)设计访问控制列表的注意点

包过滤防火墙基本以路由器的访问控制列表的方式实现,设计访问控制列表时应注意:

1.自上而下的处理过程,一般的访问控制列表的检测是按照自上而下的过程处理,所以必须注意访问控制列表中语句的顺序。

2.语句的位置,应该将更为具体的表项放在不太具体的表项前面,保证不会否定后面语句的作用。

3.访问控制列表的位置,将扩展的访问控制列表尽量靠近过滤源的位置上,过滤规则不会影响其他接口上的数据流。

4.注意访问控制列表作用的接口及数据的流向。

5.注意路由器默认设置,从而注意最后一条语句的设置,有的路由器默认设置是允许,有的是默认拒绝,后者比前者更安全、更简便。

(四)包过滤防火墙的应用

包过滤防火墙还可以根据TCP中的标志位进行判断,例如,Cisco路由器的扩展ACL就支持established关键字。

包过滤防火墙很难预防反弹端口木马。例如,黑客在内部网络安装了控制端的端口是80的反弹端口木马,在这种情况下,攻击者仍然能够穿透防火墙,控制木马,对内部网络构成威胁。

二、代理防火墙

(一)代理防火墙工作原理

某单位如果允许访问外部网络的所有Web服务器,但是不允许访问www.sina.com站点,那么使用包过滤防火墙阻止目标IP地址就是sina服务器的数据包。但是,如果www.sina.com站点某些服务器的IP地址改变了,该怎么办呢?

包过滤技术无法提供完善的数据保护措施,无法解决上述问题,而且一些特殊的报文攻击仅仅使用包过滤的方法并不能消除危害,因此需要一种更全面的防火墙保护技术,在这样的需求背景下,采用"应用代理"(Application Proxy)技术的防火墙诞生了。

(二)代理防火墙的特点

由于代理防火墙采取代理机制进行工作,内外部网络之间的通信都需要先经过代理服务器审核,通过后再由代理服务器连接,根本没有给分隔在内外部网络两边的计算机直接会话的机会,所以可以避免入侵者使用"数据驱动"攻击方式(一种能通过包过滤防火墙规则的数据报文,但是当其进入计算机处理后,却变成能够修改系统设置和用户数据的恶意代码)渗透内部网络。

(三)代理服务器分类

前面讲了代理防火墙就是一台小型的带有数据"检测、过滤"功能的透明"代理服务器",有时大家把代理防火墙也称为代理服务器。下面从代理服务器"代理"的内容来看代理防火墙的"检测、过滤"内容。

代理服务器工作在应用层,针对不同的应用协议,需要建立不同的服务代理。按代理服务器的用途分类如下。

1.HTTP代理

代理客户机的HTTP访问,主要代理浏览器访问网页,端口一般为80、8080、3128等。

2.FTP代理

代理客户机上的FTP软件访问FTP服务器,端口一般为21、2121。

3.POP3代理

代理客户机上的邮件软件用POP3方式收邮件,端口一般为110。

4.Telnet代理

能够代理通信机的Telnet,用于远程控制,入侵时经常使用,端口一般为23。

5.SSL代理

支持最高128位加密强度的HTTP代理,可以作为访问加密网站的代理。加密网站是指以"https:／／"开始的网站。SSL的标准端口为443。

6.HTTP CONNECT代理

允许用户建立TCP连接到任何端口的代理服务器,这种代理不仅可用于HTTP,还包括FTP、IRC、RM流服务等。

7.Socks代理

全能代理,支持多种协议,包括HTTP、FTP请求及其他类型的请求,标准端口为1080。

8.TUNNEL代理

经HTTP Tunnet程序转换的数据包封装成HTTP请求(Request)来穿透防火墙,允许利用HTTP服务器做任何TCP可以做的事情,功能相当于Socks5。

除了上述常用的代理,还有各种各样的应用代理,如文献代理、教育网代理、跳板代理、Ssso代理、Flat代理、SoftE代理等。

(四)Socks代理

代理型防火墙工作在应用层,针对不同的应用协议,需要建立不同的服务代理。如果有一个通用的代理,可以适用于多个协议,那就方便多了,这即Socks代理。

首先介绍一下套接字(Socket)。应用层通过传输层进行数据通信时,TCP和UDP会遇到同时为多个应用程序进程提供并发服务的问题。多个TCP连接或多个应用程序进程可能需要通过同一个TCP协议端口传输数据。区分不同应用程序进程间的网络通信和连接,主要有三个参数,分别为通信的目的IP地址、使用的传输层协议(TCP或UDP)和使用的端口号。这三个参数称为套接字。基于"套接字"概念可开发许多函数。这类函数也称为Socks库函数。

Socks是一种网络代理协议,是David Koblas在1990年开发的,此后就一直作为Internet RFC的开放标准。Socks协议执行最具代表性的就是在Socks库中利用适当的封装程序对基于TCP的客户程序进行重封装和重连接。

Socks代理与一般的应用层代理服务器是完全不同的。Socks代理工作在应用层和传输层之间,旨在提供一种广义的代理服务,不关心是何种应用协议(如FTP、HTTP和SMTP请求),也不要求应用程序遵循特定的操作系统平台,不管再出现什么新的应用,都能提供代理服务。因此,Socks代理比其他应用层代理要快得多。Socks代理通常绑定在代理服务器的1080端口上。

Socks代理的工作过程:当受保护网络客户机需要与外部网络交互信息时,首先和Socks防火墙上的Socks服务器建立一个Socks通道,在建立Socks通道的过程中可能有一个用户认证的过程,然后将请求通过这个通道发送给Socks服务器。Socks服务器在收到客户请求后,检查客户的User ID、IP源地址和IP目的地址。经过确认后,Socks服务器才向客户请求的英特网主机发出请求。得到相应数据后,Socks服务器再通过原先建立的Socks通道将数据返回给客户。受保护网络用户访问外部网络所使用的IP地址都是Socks防火墙的IP地址。

三、状态检测防火墙

前面提到了包过滤防火墙无法阻止某些精心构造了标志位的攻击数据,而采用状态检测(state inspection)技术可以避免这样的问题。

状态检测防火墙技术是Check point在基于"包过滤"原理的"动态包过滤"技术发展而来的。这种防火墙技术通过一种被称为"状态监视"的模块,在不影响网络安全正常工作的前提下,采用抽取相关数据的方法,对网络通信的各个层次实行监测,并根据各种过滤规则做出安全决策。

状态检测防火墙仍然在网络层实现数据的转发,过滤模块仍然检查网络层、传输层内容,为了克服包过滤模式明显的安全性不足的问题,不再只是分别对每个进出的包孤立地进行检查,而是从TCP连接的建立到终止都跟踪检测,把一个会话作为整体来检查,并且根据需要,可动态地增加或减少过滤规则。"会话过滤"(Session Filtering)功能是在每个连接建立时,防火墙为这个连接构造一个会话状态,里面包含了这个连接数据包的所有信息,以后连接都是基于这个状态信息进行的。这种检测的高明之处是,能够对每个数据包的状态进行监视,一旦建立了一个会话状态,则此后的数据传输都要以此会话状态作为依据。

状态检测防火墙实现了基于UDP应用的安全,通过在UDP通信之上保持一个虚拟连接来实现。防火墙保存通过网关的每一个连接的状态信息,允许穿过防火墙的UDP请求包被记录。当UDP包在相反方向上通过时,依据连接状态表确定该UDP包是否被授权。若已被授权,则通过,否则拒绝。若在指定的一段时间内响应数据包没有到达,连接超时,则该连接被阻塞。这样所有的攻击都被阻塞。状态检测防火墙可以控制无效链接的连接时间,避免大量的无效连接占用过多的网络资源,可以很好地降低DoS和DDoS攻击的风险。

包过滤防火墙得以进行正常工作的一切依据都在于过滤规则的实施,但又不能满足建立精细规则的要求,并不能分析高级协议中的数据。应用网关防火墙的每个连接都必须建立在为之创建的有一套复杂的协议分析机制的代理程序进程上,这会导致数据延迟的现象。

四、复合型防火墙

复合型防火墙采用自适应代理技术,该技术是美国网络联盟公司(Network Alliance inc,简称NAI)最先提出的,并在其产品Gauntlet Firewall for NT中得以实现,结合代理类型防火墙的安全性和状态检测高速度等优点,实现第3层到第7层自适应的数据过滤,在毫不损失安全性的基础之上,将代理型防火墙的性能提高10倍以上。

自适应代理技术的基本要素有两个:自适应代理服务器与状态检测包过滤器。初始的安全检查仍然发生在应用层,一旦安全通道建立后,随后的数据包就可以重新定向到网络层。在安全性方面,复合型防火墙与标准代理防火墙是完全一样的,同时还提高了处理速度。自适应代理技术可根据用户定义的安全规则,动态"适应"传送中的数据流量。

五、下一代防火墙

不断增长的带宽需求和新应用正在改变协议的使用方式和数据的传输方式。不断变化的业务流程、部署的技术,正推动对网络安全性的新需求,使得攻击变得越来越复杂,必须更新网络防火墙,才能够更主动地阻止新威胁。因此,下一代防火墙应运而生。

下一代防火墙除了拥有前述防火墙的所有防护功能外,借助全新的高性能单路径异构并行处理引擎,在互联网出口、数据中心边界、应用服务前端等场景提供高效的应用层一体化安全防护,还可以识别网络流量中的应用和用户信息,实现用户和应用级别的访问控制;能够识别不同应用所包含的内容信息中的威胁和风险,防御应用层威胁;可识别和控制移动应用,防止使用个人设备办公(Bring Your Own Device,简称BYOD)带来的风险,并能通过主动防御技术识别未知威胁。

基于应用的深度入侵防御采用多种威胁检测机制,防止如缓冲区溢出攻击、利用漏洞的攻击、协议异常、蠕虫、木马、后门、DoS / DDoS攻击探测、扫描、间谍软件及IPS逃逸攻击等各类已知、未知攻击,全面增强应用安全防护能力。

第四节 防火墙的应用

一、瑞星个人防火墙的应用

个人版的防火墙安装在个人用户的PC系统上,用于保护个人系统,在不妨碍用户正常上网的同时,能够阻止英特网上的其他用户对计算机系统进行非法访问。国内外的个人版防火墙有很多品牌,如瑞星、金山网镖、卡巴斯基等。不同品牌的功能大致相同,下面以瑞星个人防火墙V16版(下面简称为瑞星V16)为例进行介绍。

瑞星V16针对目前流行的黑客攻击、钓鱼网站、网络色情等做了针对性的优化,采用未知木马识别、家长保护、反网络钓鱼、多账号管理、上网保护、模块检查、可疑文件定位、网络可信区域设置、IP攻击追踪等技术,可以帮助用户有效抵御黑客攻击、网络诈骗等安全风险,还增加了更智能的ARP防御功能。另外,瑞星V16还新增"防端口扫描"功能,该功能引入了新的网络数据包智能判断,拦截黑客和蠕虫的端口扫描行为,将攻击行为消除在准备状态。

二、代理服务器的应用

CCProxy是国内最流行的、下载量最大的国产代理服务器软件,主要用于局域网内共享Modem代理上网、ADSL代理共享、宽带代理共享、专线代理共享、ISDN代理共享、卫星代理共享和二级代理等共享代理上网。

代理服务器CCProxy除了有共享上网的功能外,还有一些特色功能,可以帮助用户解决很多工作中的实际问题:

1.支持域名、内容过滤;

2.支持严格的用户身份管理功能,可以用IP地址、MAC地址、用户名密码方式来管理用户,以及多种验证方式的任意组合;

3.支持用户带宽限制功能,可以有效地限制客户端的上网速度;

4.支持局域网邮件杀毒功能,结合杀毒软件,可以对所有通过代理服务器收发的邮件进行杀毒处理;

5.支持远程Web账号管理,管理员通过此功能,可以在任何计算机上进行账号管理。通过CCProxy可以浏览网页、下载文件、收发电子邮件、畅玩网络游戏、投资股票、实现QQ联络等。网页缓冲功能还能提高低速网络的网页浏览速度。

第五节 防火墙产品分析

一、防火墙的主要参数

(一)硬件参数

硬件参数是指设备使用的处理器类型或芯片,以及主频、内存容量、闪存容量、网络接口数量、网络接口类型等数据。

(二)并发连接数

并发连接数是衡量防火墙性能的一个重要指标,是指防火墙或代理服务器对其业务信息流的处理能力,是防火墙能够同时处理的点对点连接的最大数目,反映出防火墙设备对多个连接的访问控制能力和连接状态跟踪能力。这个参数的大小直接影响到防火墙所能支持的最大信息点数。

(三)吞吐量

网络中的数据是由一个个数据包组成的,防火墙对每个数据包的处理要耗费资源。吞吐量是指在没有帧丢失的情况下,设备能够接受的最大速率。

防火墙作为内外网之间的唯一数据通道,如果吞吐量太小,就会成为网络瓶颈,给整个网络的传输效率带来负面影响。因此,考察防火墙的吞吐能力有助于更好地评价其性能表现。吞吐量和报文转发率是关系防火墙应用的主要指标,一般采用64字节数据包的全双工吞吐量(Full Duplex Throughput,简称FDT)来衡量。该指标既包括吞吐量指标,也涵盖了报文转发率指标。

(四)安全过滤带宽

安全过滤带宽是指防火墙在某种加密算法标准下,如DES(56位)或3DES(168位)下的整体过滤性能。安全过滤带宽是相对于明文带宽提出的。一般来说,防火墙总的吞吐量越大,对应的安全过滤带宽越高。

(五)用户数限制

用户数限制分为固定限制用户数和无用户数限制两种。固定限制用户数,如SOHO型防火墙,一般支持几十到几百个用户不等,而无用户数限制大多用于大的部门或公司。值得注意的是,用户数和并发连接数是完全不同的两个概念,并发连接数是指防火墙的最大会话数(或进程),每个用户可以在一个时间里产生很多连接。

(六)VPN功能

目前,绝大部分防火墙产品都支持VPN功能。VPN包括建立VPN通道的协议类型、可以在VPN中使用的协议、支持的VPN加密算法、密钥交换方式、支持VPN客户端数量。

除了这些主要的参数,防火墙还有其他很多参数,如防御方面的功能、是否支持病毒扫描、防御的攻击类型、NAT功能、管理功能等。

二、选购防火墙的注意事项

(一)防火墙自身的安全性

若以安全性的角度来分析防火墙,能够从两个方面体现出防火墙安全性级别:一是自身设计,二是管理。在设计方面,防火墙安全性的核心点是操作系统。只有操作系统具有完整的信任关系,才能在此基础上建立系统结构的安全性。在计算机网络整体的结构中,应用系统这一方面的安全,需要以操作系统安全为核心,从而才能建立自身的安全性。那么我们能够看出,防火墙安全性的级别会影响到计算机网络系统整体结构的安全。

(二)系统的稳定性

若是想要判断和检测防火墙是否具有稳定性,常用的方法有以下几种:①可以从比较权威的专业测评机构的测评结果中得出判断。②对防火墙稳定性进行实际调查。③通过自己试用的形式检测防火墙稳定性。④通过厂商的实力来评价防火墙的稳定性。

在判断防火墙稳定性的过程中,有一个重要的指标,就是防火墙是否具有较高的性能,只有高效性、高性能的防火墙才具有可用性。若是在使用网络信息资源的过程中,因为防火墙的应用,使整体的性能逐渐下降,那么就说明安全的代价过高。

(三)可靠性

防火墙自身所具备的可靠性,可以对访问控制设备起到非常重要的作用,尤其是当访问控制设备属于防火墙类型,会直接对受控网络自身所具备的可用性造成影响。以系统设计的角度来看,若想要使可靠性得到有效提升,通常情况下,涉及的具体措施有:首先,自身系统结构部件具有强健性;其次,值域要做好增大设计;最后,冗余部件需要增加。基于这些要求,就需要生产标准具有一定的高度、设计方面留有冗余度。

(四)是否管理方便

信息技术与网络技术在最近几年的发展速度是非常快的,以至于在网络系统结构中会出现不同类型、不同种类的安全事件。基于这样的情况,对安全管理员提出了更加严苛的要求,需要他们在日常的工作中,以现阶段发生的安全事件为核心,对其进行整理和归纳,从而有效调整相应的安全策略。以防火墙类的访问控制设备为核心分析安全策略的调整,不仅仅需要从安全访问控制策略入手,还需要对业务系统访问控制进行有效调整。无论是哪一项网络安全策略的调整,都需要以确保安全为前提,对防火墙进行有效管理,在此基础上才能融合更加灵活和多样的管理模式与管理方法。

(五)是否可以抵抗拒绝服务攻击

现阶段网络系统结构,必须针对外部环境中的恶性攻击给予有效的抵御,那么目前面对网络攻击,最有效且使用频率最高的一个方法是抵抗拒绝服务攻击。那么以此来看,防火墙就需要具备拒绝服务攻击的能力,这也是防火墙所要具备的最基本的一项功能。虽然已经有一部分防火墙能够对拒绝服务攻击进行有效的抵御,但是从严格意义上来讲,并不是做到抵御全部攻击,而是在某种程度上使拒绝服务攻击的伤害有所降低。

(六)是否可扩展、可升级

没有任何一个用户使用的网络是从一而终的。这就意味着网络会时刻发生变化,这一变化类似于防病毒类型的产品,这就要求防火墙要在网络信息科技的发展基础上做出必要的升级。在此过程中非常重要的一项技术,就是支持软件升级。若是系统不能对软件升级给予支持的话,那么针对新型的攻击手段所进行的抵御,就要求用户在系统结构上对硬件进行更换。那么在更换的过程中,用户的网络是不存在安全保护的,同时在硬件的更换过程中,用户的花费会更多。

第七章 报文统计与攻击防范

第一节 报文统计基本配置

报文统计基本配置包括:①使能系统统计功能;②使能系统连接数量监控;③使能系统报文比率异常告警检测。

一、启动或关闭系统统计功能

启动系统统计功能:

firewall statistics system enable(缺省)

关闭系统统计功能:

undo firewall statistics system enable

请慎重使用关闭统计功能的命令!关闭统计功能后会导致和统计相关的检测功能失效。在有流量的情况下,关闭统计功能后,很可能导致以后的统计功能不准确,并连带影响与统计相关的功能。

二、启动或关闭系统连接数量监控功能

启动系统连接数限制:

firewall statistics system connect-number{tcp | udp}{high high-value low lowvalue}(缺省)

关闭系统连接数限制:

undo statistics system connect-number | tcp | udp |

缺省上限值为500 000条 UDP 或 TCP 连接,下限为1条。当连接数达到上限时,将输出日志告警。当连接数降低到下限,防火墙输出日志,表示连

接数恢复正常。

三、使能或关闭系统报文比率异常告警检测

启动系统报文比率异常告警检测：

firewall statistics system flow-percent{tcp tcp-percent udp udp-percent ic-mp icmp-percent alteration alteration-percent[time time-value]}

关闭系统报文比率异常告警检测：

undo firewall statistics system flow-percent

此命令在系统视图下进行配置。在正常情况下,统计一定时间内所占的百分比和允许的变动范围。

系统定时检测收到的各类报文百分比,并和配置进行比较。

若某类型(TCP、UDP、ICMP或其他)报文百分比超过配置的上限阈值或下限阈值(加波动范围),则系统都会输出告警。

在缺省情况下,TCP、UDP、ICMP报文所占的百分比为75%、15%、5%;命令中的Alteration变动范围:报文流量百分比波动范围可设置为(0~25),缺省为25;检测周期Time为设置流量百分比检查间隔时间(0~6 000),缺省为60秒。

此命令TCP、UDP、ICMP三种报文所占百分比需要同时被配置,并且三种报文所占百分比之和不能超过100%;若TCP、UDP、ICMP三种报文所占百分比之和超过100%,则命令不会生效。

四、报文统计基本配置

域统计基本配置包括:①使能域统计功能。②使能域连接数量监控。③使能域连接速率监控。

(一)使能或关闭域统计功能

使能域统计功能：

statistics enable zone{inzone | outzone}

关闭域统计功能：

undo statistics enable zone{inzone | outzone}

在系统视图下使用该命令,缺省情况下防火墙的域统计功能是关闭的。域统计功能关闭后,配置在域上的流量监控功能也失效了。

(二)使能或关闭域连接速率监控

使能域连接速率监控：

statistics connect-speed {zone | ip} {inzone | outzone} {tcp | udp} {high high-limit low low-limit}

关闭域连接速率监控：

undo statistics connect-speed{zone | ip}{inzone | outzone}{tcp | udp}

该命令用来配置域发起的TCP连接和UDP连接速率(每秒)的上限和下限阈值。通过对域的连接速率的限制,用户可以限制当前域向外发起的连接速率,同时也可以限制外部向当前域发起连接的速率。

当连接速率超过设定的阈值上限时,系统将输出告警日志信息,后续的连接将以一定比率被拒绝。当连接速率降到阈值下限时,系统输出日志信息,后续连接将被允许建立。

启动域统计功能后,连接速率监控功能缺省值自动生效。

缺省情况下,关闭基于域的连接速率限制。

必须先配置启动对域的统计功能,域上连接速率检测功能才有效,否则此命令没有效果。

五、IP统计功能基本配置

(一)启动或关闭IP统计功能

使能IP统计功能：

statistics enable ip{inzone | outzone}

禁止IP统计功能：

undo statistics enable ip｛inzone｜outzone｝

该命令对于当前域的出或入方向数据包根据IP地址进行统计。

对于当前域的出方向数据包,统计其源地址;对于当前域的入方向数据包,统计其目的地址。

域的入方向指数据包的目的地址是该域的,而源地址不为本域。

域的出方向指数据包的源地址是该域的,而目的地址不为本域。

IP统计功能关闭后,基于IP流量的监控功能也失效。

(二)使能或关闭IP连接数量监控

基于本域IP地址的某一方向(本域出或入方向)或匹配ACL的数据包源地址,可以配置发起的TCP／UDP连接总数的上限和下限阈值。

使能IP连接数量监控:

statistics connect-number ip｛inzone｜outzone｝｛tcp｜udp｝｛high high-limit low low-limit｝［acl acl-number］

关闭IP连接数量监控:

undo statistics connect-number ip｛inzone｜outzone｝｛tcp｜udp｝［acl acl-number］

该命令通过对基于IP的连接数量的限制,用户可以限制当前域的IP或匹配ACL的源IP地址向外发起的连接数量;同时,也可以限制外部向当前域的IP发起连接的数量。

当连接数量超过设定的阈值上限时,系统将输出告警日志信息,后续的连接将以一定的概率被拒绝。当连接的数量下降到阈值下限时,系统输出日志信息,后续连接将被允许建立。

配置了域统计功能启动后,连接数量监控功能缺省值自动生效。

缺省情况下,基于IP连接数量监控是关闭的。基于IP的TCP和UDP连接上限阈值为10 240,下限阈值为1。

IP上的连接数量监控功能必须先配置启动对应IP的统计功能,否则此命令无效。

如果统计匹配某ACL规则且基于IP的连接数量时,只能在一个方向上引用ACL原则。

(三)使能或关闭IP连接速率监控

使能IP的连接速率监控:

statistics connect-speed ip {inzone | outzone} {tcp | udp} {high high-limit low low-limit} [acl acl-number]

关闭IP连接速率监控:

undo statistics connect-speed ip {inzone | outzone} {tcp | udp} [acl acl-number]

该命令用来在本域配置IP地址的某一方向(本域出或入方向),或根据匹配ACL的源地址限制向外发起的TCP和UDP连接速率的上下限阈值。

当连接速率超过设定的阈值上限时,系统将输出告警日志信息,后续的连接将以一定的概率被拒绝。当连接的速率下降到阈值下限时,系统输出日志信息,后续连接将被允许建立。

缺省情况下,基于IP的连接速率的监控功能是关闭的。

如果统计匹配某ACL规则且基于IP的连接速率时,只能在一个方向上引用ACL原则。

(四)报文统计显示与调试

显示防火墙统计信息:

firewall defend large-icmp [length]

显示防火墙系统的统计信息:

debugging firewall defend all

清除防火墙统计信息:

reset firewall statistic system [defend | current]

清除防火墙域统计信息:

reset firewall statistic zone zone-name {inzone | outzone}

清除防火墙IP统计信息：

reset firewall statistic ip ip-address{source-ip | destination-ip}

第二节 攻击防范基本分类

典型的网络攻击包括：①IP Spoofing攻击；②Land攻击；③Smurf攻击；④ WinNuke攻击；⑤SYN flood攻击；⑥ICMP Flood攻击；⑦UDP Flood攻击；⑧ 地址扫描与端口扫描攻击。

一、IP Spoofing攻击

一般情况下，路由器在转发报文的时候，只根据报文的目的地址查路由表，而不管报文的源地址是什么，因此，这样就可能面临一种危险：如果一个攻击者向一台目标计算机发出一个报文，而把报文的源地址填写为第三方的一个IP地址，这样这个报文在到达目标计算机后，目标计算机便可能向毫无知觉的第三方计算机回应。这便是所谓的IP地址欺骗攻击，即IP Spoofing攻击。

比较著名的SQL Server蠕虫病毒就是采用了这种原理，该病毒（可以理解为一个攻击者）向一台运行SQL Server解析服务的服务器发送一个解析服务的UDP报文，该报文的源地址填写为另外一台运行SQL Server解析程序（SQL Server 2000以后版本）的服务器，这样由于SQL Server解析服务的一个漏洞，就可能使得该UDP报文在这两台服务器之间往复，最终导致服务器或网络瘫痪。

防范措施：检测每个接口流入的IP报文的源地址与目的地址，并对报文的源地址反查路由表，入接口与以该IP地址为目的地址的最佳出接口不相同的IP报文被视为IP Spoofing攻击，将被拒绝，并进行日志记录。

二、Land攻击

Land攻击利用了TCP连接建立的三次握手过程，通过向一个目标计算机发送一个TCP SYN报文（连接建立请求报文）而完成对目标计算机的攻击。与正常的 TCP SYN 报文不同的是,Land 攻击报文的源 IP 地址和目的 IP 地址是相同的,都是目标计算机的 IP 地址。

目标计算机接收到这个 SYN 报文后,就会向该报文的源地址发送一个 ACK 报文,并建立一个 TCP 连接控制结构(TCB),而该报文的源地址就是自己,因此,这个 ACK 报文就发给了自己。若攻击者发送了足够多的 SYN 报文,则目标计算机的 TCB 可能会耗尽,最终不能正常服务。这也是一种 DoS 攻击。表象是许多 UNIX 主机将崩溃,NT 主机会变得极其缓慢。

防范措施:对每一个 IP 报文进行检测,若其源地址与目的地址相同,或者源地址为环回地址(127.0.0.1),则直接拒绝,并将攻击记录到日志。

三、Smurf 攻击

ICMP ECHO 请求包用来对网络进行诊断,当一台计算机接收到这样一个报文后,会向报文的源地址回应一个 ICMP ECHO REPLY。一般情况下,计算机是不检查该 ECHO 请求的源地址的,因此,如果一个恶意的攻击者把 ECHO 的源地址设置为一个广播地址,这样计算机在回复 REPLY 的时候,就会以广播地址为目的地址,且本地网络上所有的计算机都必须处理这些广播报文。如果攻击者发送的 ECHO 请求报文足够多,产生的 REPLY 广播报文就可能把整个网络淹没,这就是 Smurf 攻击。

除了把 ECHO 报文的源地址设置为广播地址外,攻击者还可能把源地址设置为一个子网广播地址,这样,该子网所在的计算机就可能受影响。还有一种较高级的攻击是将上述 ICMP 应答请求包的源地址改为受害主机的地址,最终导致受害主机崩溃。

防范措施:检查 ICMP 应答请求包的目的地址是否为子网广播地址或子网的网络地址,如是,则直接拒绝,并将攻击记录到日志。

四、WinNuke 攻击

NetBIOS 作为一种基本的网络资源访问接口,广泛地应用于文件共享、打印共享、进程间通信(IPC),以及不同操作系统之间的数据交换。一般情况下，NetBIOS是运行在LLC2链路协议之上的，是一种基于组播的网络访问接口。为了在TCP/IP协议栈上实现NetBIOS，RFC规定了一系列交互标准，以及几个常用的TCP/UDP端口：

139：NetBIOS会话服务的TCP端口；

137：NetBIOS名字服务的UDP端口；

136：NetBIOS数据报服务的UDP端口。

端口：7服务：ECHO，许多人搜索Fraggle放大器时，发送到X.X.X.0和X.X.X.255的信息。

端口：19服务：Character Generator，这是一种仅仅发送字符的服务。Windows操作系统的早期版本（Windowns 95/98/NT）的网络服务（文件共享等）都是建立在NetBIOS之上的，因此，这些操作系统都开放了139端口。

WinNuke攻击就是利用了Windows操作系统的一个漏洞，向这个139端口发送一些携带TCP带外（OOB）数据报文，但这些攻击报文与正常携带OOB报文不同的是，其指针字段与数据的实际位置不符，即存在重合，这样Windows操作系统在处理这些数据的时候，将会引起片段重叠，造成崩溃。

UDP版本的WinNuke攻击会在收到UDP包后回应含有垃圾字符的包。TCP连接时会发送含有垃圾字符的数据流直到连接关闭。

黑客利用IP欺骗可以发动DoS攻击，他们伪造两个chargen服务器之间的UDP包，同样Fraggle DoS攻击向目标地址的这个端口广播一个带有伪造受害者IP的数据包，受害者为了回应这些数据而过载。

传输层协议使用带外数据（out-of-band，OOB）来发送一些重要的数据，当通信一方有重要的数据需要通知对方时，协议能够将这些数据快速地发送到对方。为了发送这些数据，协议一般不使用与普通数据相同的通道，而是使用另外的通道。

防范措施：检查进入防火墙的UDP报文，若目的端口号为7或19，则直接拒绝，并将攻击记录到日志，否则允许通过。

五、SYN Flood攻击

一般情况下,一个TCP连接的建立需要经过三次握手的过程,即:①建立发起者向目标计算机发送一个TCP SYN报文;②目标计算机收到这个SYN报文后,在内存中创建TCP连接控制块(TCB),然后向发起者回送一个TCP ACK报文,等待发起者的回应;③发起者收到TCP ACK报文后,再回应一个ACK报文,这样TCP连接就建立起来了。

利用这个过程,一些恶意的攻击者可以进行所谓的TCP SYN拒绝服务攻击。攻击者向目标计算机发送一个TCP SYN报文;目标计算机收到这个报文后,建立TCP连接控制结构(TCB),并回应一个ACK,等待发起者的回应;而发起者则不向目标计算机回应ACK报文,这样导致目标计算机一致处于等待状态。

防范措施:通过防火墙的中继进行通信,客户发起连接,防火墙并不把SYN包传递给服务器,而是自己返回应答,客户确认后再由防火墙和服务器进行连接。

六、ICMP Flood攻击

正常情况下,为了对网络进行诊断,一些诊断程序,比如PING等,会发出ICMP响应请求报文(ICMP ECHO),接收计算机接收到ICMP ECHO后,会回应一个ICMP ECHO REPLY报文。而这个过程是需要CPU处理的,有的情况下还可能消耗掉大量的资源,比如处理分片的时候。这样如果攻击者向目标计算机发送大量的ICMP ECHO报文(产生ICMP洪水),那么目标计算机会忙于处理这些ECHO报文,而无法继续处理其他的网络数据报文,这也是一种拒绝服务攻击(DoS)。

防范措施:通过智能流量检测技术,检测通向特定目的地址的ICMP报文速率,如果阈值超过上限,设定受攻击标签,对攻击记录日志。当速率低于设定阈值下限,取消攻击标志。

七、UDP Flood攻击

攻击原理与防范措施均同于ICMP Flood的攻击检测和处理。

八、地址扫描攻击

运用 Ping 这样的程序探测目标地址,对此做出响应表示其存在,用来确定哪些目标系统确实存活着并连接在网络上。也有可能利用 TCP / UDP 报文对一定地址发起连接(如 TCP Ping),判断是否有应答报文。

防范措施:检测进入防火墙的 ICMP、TCP 和 UDP 报文,统计一个源地址发向不同目的地址的个数。如果在一定时间内目的地址个数达到设置的阈值,直接丢弃报文,记录日志,并根据配置决定是否将源 IP 地址加入黑名单。

九、端口扫描攻击

端口扫描主要借助一些工具软件进行,如 NMAP、X-SCAN、AMAP 等。

根据 TCP 协议规范,当一台计算机收到一个 TCP 连接建立请求报文(TCP SYN)的时候,做如下处理:若请求的 TCP 端口是开放的,则回应一个 TCP ACK 报文,并建立 TCP 连接控制结构(TCB);若请求的 TCP 端口没有开放,则回应一个 TCP RST(TCP 头部中的 RST 标志设为 1)报文,告诉发起计算机,该端口没有开放。

相应地,如果 IP 协议栈收到一个 UDP 报文,做如下处理:如果该报文的目标端口开放,则把该 UDP 报文送上层协议(UDP)处理,不回应任何报文(上层协议根据处理结果而回应的报文例外);如果该报文的目标端口没有开放,则向发起者回应一个 ICMP 不可达报文,告诉发起者该 UDP 报文的端口不可达。

防范措施:检测进入防火墙的 ICMP、TCP 和 UDP 报文,统计一个源地址发向不同端口报文的个数。如果在一定时间内端口个数达到设置的阈值,直接丢弃报文,记录日志,并根据配置决定是否将源 IP 地址加入黑名单。

第三节 攻击防范基本配置

攻击防范基本配置包括:①使能 ARP Flood 攻击防范功能;②使能 ARP

反向查询攻击防范功能;③使能 ARP 欺骗攻击防范功能;④使能 IP 欺骗攻击防范功能;⑤使能 Land 攻击防范功能;⑥使能 Smurf 攻击防范功能;⑦使能 Fraggle 攻击防范功能;⑧使能 Frag Flood 攻击防范功能;⑨使能 WinNuke 攻击防范功能;⑩有关 SYN Flood 攻击防范配置;⑪有关 ICMP Flood 攻击防范配置;⑫有关 UDP Flood 攻击防范配置;⑬使能 ICMP 重定向报文控制功能;⑭使能 ICMP 不可达报文控制功能;⑮使能地址扫描攻击防范功能;⑯使能端口扫描攻击防范功能;⑰使能带路由记录选项 IP 报文控制功能;⑱使能 Tracert 报文控制功能;⑲使能 Ping of Death 攻击防范功能;⑳使能 Teardrop 攻击防范功能。

注意:①部分攻击防范功能必须要求相应的统计功能启动才能生效;②IP 扫描、端口扫描要配置出域的 IP 统计;③SYN Flood、ICMP Flood 和 UDP Flood 攻击防范需要配置入域的 IP 及 ZONE 统计。

一、使能或关闭 ARP Flood 攻击防范功能

使能 ARP Flood 攻击防范功能:

firewall defend arp-flood[max-rate rate-number]

关闭 ARP Flood 攻击防范功能:

undo firewall defend arp-flood(缺省)

二、使能或关闭 ARP 反向查询攻击防范功能

使能 ARP 反向查询攻击防范功能:

firewall defend arp-reverse-query

关闭 ARP 反向查询攻击防范功能:

undo firewall defend arp-reverse-query(缺省)

三、使能或关闭 ARP 欺骗攻击防范功能

使能 ARP 欺骗攻击防范功能:

firewall defend arp-spoofing

关闭 ARP 欺骗攻击防范功能：

undo firewall defend arp-spoofing（缺省）

四、使能或关闭 IP 欺骗攻击防范功能

使能 IP 欺骗攻击防范功能：

firewall defend ip-spoofing

关闭 IP 欺骗攻击防范功能：

undo firewall defend ip-spoofing（缺省）

注意：IP 欺骗攻击防范功能不允许在透明模式下使用。

五、使能或关闭 Land 攻击防范功能

使能 Land 攻击防范功能：

firewall defend land

关闭 Land 攻击防范功能：

undo firewall defend land（缺省）

六、使能或关闭 Smurf 攻击防范功能

使能 Smurf 攻击防范功能：

firewall defend smurf

关闭 Smurf 攻击防范功能：

undo firewall defend smurf（缺省）

七、使能或关闭 Win Nuke 攻击防范功能

使能 WinNukc 攻击防范功能：

firewall defend winnuke

关闭 WinNuke 攻击防范功能：

undo firewall defend winnuke（缺省）

八、有关Syn Flood攻击防范配置——使能或关闭

使能SYN Flood攻击防范功能全局开关：

firewall defend syn-flood enable

关闭SYN Flood攻击防范功能全局开关：

undo firewall defend syn-flood enable（缺省）

第八章 威胁感知和威胁管理

第一节 数据库系统的缺陷和威胁

一、数据库系统的缺陷

(一)数据库设计缺陷

以主流数据库中的信息数据形式来看,目前,数据文件以明文的形式存在于操作系统中,外部环境中的非法入侵者就能够从操作系统或者网络节点上窃取这些文件,最终会导致数据库中数据文件信息的泄露。

(二)缺省安装配置漏洞

主流数据库中往往存在缺省数据库用户、密码简单、缺省端口等,如Oracle端口1521、SQL Server端口1433、MySQL端口3306等。攻击者完全可以利用这些缺省用户、端口登录数据库。

(三)数据库运行漏洞

数据库运行的系统软件本身存在漏洞,数据库系统并未对自身漏洞加以弥补。例如,缓冲区溢出漏洞,通过HTTP或者FTP服务可以触发,假如攻击者拥有数据库合法的账户信息,即使这些服务关闭,也能利用这些漏洞;通信协议漏洞,基于通信协议的攻击,如发送超长连接请求、破坏数据库握手协议;操作系统漏洞,未对操作系统漏洞加以弥补,如系统用户权限;工作人员在对数据库系统进行维护时,一定要对数据库系统补丁给予一定的重视,利用补丁来修复数据库系统当中的漏洞,也可以通过制定安全策略或者调整安全策略的形式,对数据库系统进行有效的维护。一旦数据库系统受到外部环境入侵者的攻击,就会对数据库整体的数据文件带来非常严重的影响,也会对数据库安全性产生负面的影响。

二、数据库系统面临的威胁

如果数据库内的数据文件和敏感信息遭受外部环境的非法访问或非法读取,那么这些非法的行为均属于数据库系统所面临的安全威胁问题。如果网络系统中的合法用户,在经过授权之后,不能对授权范围的数据进行访问,也就是说,数据库不能为其提供正常的服务,那么,这种行为也属于数据库的安全威胁问题。数据库系统面临的安全威胁主要来自以下几个方面:①法律法规、社会伦理道德和宣传教育滞后或不完善等;②现行的政策、规章制度及管理出现问题;③硬件系统或控制管理问题;④物理安全(如服务器、计算机或外设、网络设备等)及运行环境安全(如物理设备的损坏,设备的机械和电气故障,火灾、水灾或地震等);⑤操作系统及数据库管理系统(Database Management System,简称DBMS)的漏洞与风险等安全性问题;⑥可操作性问题,所采用的密码方案所涉及的密码自身的安全性问题;⑦数据库系统本身的漏洞、缺陷和隐患带来的安全性问题。

第二节 数据库的安全性

数据文件在数据库中,需要从安全性、可靠性、正确性和有效性等多个方面进行有效保护。DBMS需要以统一度较高的形式为数据提供保护。一般情况下,数据保护也可以被称作是数据控制,其中主要包含的是安全性、完整性、控制及恢复。下面将以多用户数据库系统Oracle为实例,分析数据库安全特性。

一、数据库的安全性

所谓数据库安全性,指的是为数据库提供相应的保护措施,以抵御外部环境中非法的攻击者对数据库实施不合法的行为,这些行为最终会使数据库的信息数据遭到破坏或者泄露,也存在恶意篡改的可能性。我们知道,在计算机系统中,数据库系统是数据集中存放的一个结构,这一结构并不只服务于独立的用户,还可以为很多用户同时提供数据上的共享服务。基于这样的服务特征,就会体现出尤为严重的安全问题。通常情况下,计算机系统中数据库的安全性,所涉及的安全措施是逐级设置的。

(一)数据库的存取控制

一般情况下,密码技术应用于数据库存储一级。若是在这一级别中,失窃的位置是物理存储设备,那么密码技术能够对这一存储设备上的数据文件起到保密作用,另外,数据存储控制也可以应用在数据库系统当中,这一技术能够为数据库存储及其中存储的数据文件提供有效的安全防护。

1.数据库的安全机制

从数据库安全机制的角度来看多用户数据库系统(如 Oracle),在所提供的安全机制方面,可以做到以下几项内容:第一,能够对未经授权的数据库存取进行遏制;第二,能够对未经授权的模式对象存取进行遏制;第三,磁盘的使用可以得到有效的控制;第四,系统资源的使用可以得到有效的控制;第五,对用户的行为和具体的动作可以进行审计。

2.模式和用户机制

Oracle 使用多种不同的机制管理数据库安全性,其中有模式和用户两种机制。

(1)模式机制

模式为模式对象的集合,模式对象为表、视图、过程和包等。

(2)用户机制

每一个 Oracle 数据库有一组合法的用户,可运行一个数据库应用和使用该用户连接到定义该用户的数据库。当建立一个数据库用户时,对该用户建立一个相应的模式,模式名与用户名相同。一旦用户连接一个数据库,该用户就可存取相应模式中的全部对象,一个用户仅与同名的模式相联系,所以用户和模式是类似的。

(二)特权和角色

1.特权

特权是执行一种特殊类型的SQL语句或存取另一用户对象的权力,有系统特权和对象特权两类。

(1)系统特权

系统特权是执行一种特殊动作或者在对象类型上执行一种特殊动作的权力。系统特权可授权给用户或角色。系统可将授予用户的系统特权授权给其他用户或角色,同样,系统也可从那些被授权的用户或角色处收回系统特权。

(2)对象特权

对象特权是指在表、视图、序列、过程、函数或包上执行特殊动作的权力。对于不同类型的对象,有不同类型的对象特权。

2.角色

角色是相关特权的命名组。数据库系统利用角色可更容易地进行特权管理。

(1)角色管理的优点

角色管理的优点如下:①减少特权管理;②动态特权管理;③特权的选择可用性;④应用可知性;⑤专门的应用安全性。

一般地,建立角色有两个目的:一是数据库应用管理特权;二是用户组管理特权。相应的角色分别称为应用角色和用户角色。应用角色是系统授予的运行一组数据库应用所需的全部特权。一个应用角色可授予其他角色或指定用户。一个应用可有几种不同角色,具有不同特权组的每一个角色在使用应用时可进行不同的数据存取。用户角色是为具有公开特权需求的一组数据库用户而建立的。

(2)数据库角色的功能

数据库角色的功能如下:①一个角色可被授予系统特权或对象特权;②一个角色可授权给其他角色,但不能循环授权;③任何角色可授权给任何数据库用户;④授权给一个用户的每一角色可以是可用的,也可以是不可用的;⑤一个间接授权角色(授权给另一角色的角色)对一个用户可明确其可用或不可用;⑥在一个数据库中,每一个角色名都是唯一的。

(三)审计

审计是对选定的用户动作的监控和记录,通常用于审查可疑的活动、监视和收集关于指定数据库活动的数据。

1.Oracle支持的三种审计类型

(1)语句审计

语句审计是指对某种类型的SQL语句进行的审计,不涉及具体的对象。这种审计既可对系统的所有用户进行,也可对部分用户进行。

(2)特权审计

特权审计是指对执行相应动作的系统特权进行的审计,不涉及具体对象。这种审计既可对系统的所有用户进行,也可对部分用户进行。

(3)对象审计

对象审计是指对特殊模式对象的访问情况的审计,不涉及具体用户,监控的是有对象特权的SQL语句。

2.Oracle允许的审计选择范围

Oracle允许的审计选择范围如下:①审计语句的成功执行、不成功执行,或两者都包括;②对每一用户会话审计语句的执行审计一次或对语句的每次执行审计一次;③审计全部用户或指定用户的活动。

当数据库的审计是可能时,在语句执行阶段产生审计记录。审计记录包含审计的操作、用户执行的操作、操作的日期和时间等信息。审计记录可存放于数据字典表(称为审计记录)或操作系统审计记录中。

二、数据库的完整性

(一)完整性约束

1.完整性约束条件

完整性约束条件是作为模式的一部分,对表列定义的一些规则的说明性方法。具有定义数据完整性约束条件功能和检查数据完整性约束条件方法的数据库系统可实现对数据库完整性的约束。

完整性约束有数值类型与值域的完整性约束、关键字的约束、数据联系(结构)的约束等。这些约束都是在稳定状态下必须满足的条件,叫作静态约束。相应地,还有动态约束,指数据库中的数据从一种状态变为另一种状态时,新旧数值之间的约束,如更新人的年龄时新值不能小于旧值等。

2.完整性约束的优点

利用完整性约束实施数据完整性规则具有以下优点:①定义或更改表时,不需要程序设计便可很容易地编写程序并可消除程序性错误,其功能由Oracle控制;②对表所定义的完整性约束被存储在数据字典中,所以由任何应用进入的数据都必须遵守与表相关联的完整性约束;③具有最大的开发能力,当由完整性约束所实施的事务规则改变时,管理员只需改变完整性约束的定义,所有应用自动地遵守所修改的约束;④完整性约束存储在数据字典中,数据库应用可利用这些信息,在SQL语句执行之前或Oracle检查之前,就可立即反馈信息;⑤完整性约束说明的语义被清楚地定义,对于每一指定的说明规则可实现性能优化;⑥完整性约束可临时地使其不可用,使之在装入大量数据时避免约束检索的开销。

(二)数据库触发器

1.触发器的定义

数据库触发器是使用非说明方法实施的数据单元操作过程。利用数据库触发器可定义和实施任何类型的完整性规则。

Oracle允许定义过程,当对相关的表进行insert、update或delete语句操作时,这些过程被隐式地执行,这些过程就称为数据库触发器。触发器类似于存储过程,可包含SQL语句和PL／SQL语句,并可调用其他的存储过程。过程与触发器的差别在于其调用方法:过程由用户或应用显式地执行;而触发器是为一个激发语句(insert、update、delete)发出而由Oracle隐式地触发。一个数据库应用可隐式地触发存储在数据库中的多个触发器。

2.触发器的组成

一个触发器由三个部分组成：触发事件或语句、触发限制和触发器动作。触发事件或语句是指引起激发触发器的SQL语句，可为对一个指定表的insert、update或delete语句。触发限制是指定一个布尔表达式，当触发器激发时该布尔表达式必须为真。触发器作为过程，是PL／SQL块，当触发语句发出、触发限制计算为真时该过程被执行。

3.触发器的功能

在许多情况下触发器补充了Oracle的标准功能，以提供高度专用的数据库管理系统。一般触发器用于实现以下目的：①自动地生成导出列值；②实施复杂的安全审核；③在分布式数据库中实施跨结点的完整性引用；④实施复杂的事务规则；⑤提供透明的事件记录；⑥提供高级的审计；⑦收集表存取的统计信息。

三、数据库的并发控制

(一)一致性和实时性

一致性的数据库就是指并发数据处理响应过程已完成的数据库。例如，当借方记录与相应的贷方记录相匹配的情况下，这个会计数据库就是数据一致的。

一个实时的数据库就是指所有的事务全部执行完毕后才响应。如果一个正在运行数据库管理的系统出现了故障而不能继续进行数据处理，原来事务的处理结果还存储在缓存中而没有写入磁盘文件中，当系统重新启动时，系统数据就是非实时性的。

数据库日志用来在故障发生后恢复数据库时保证数据库的一致性和实时性。

(二)数据的不一致现象

事务并发控制不当，可能会产生丢失修改、读无效数据、不可重复读等数据不一致现象。

1.丢失修改

丢失数据是指一个事务的修改覆盖了另一个事务的修改,使前一个修改丢失。

2.读无效数据

无效数据的读出是指不正确数据的读出。

3.不可重复读

在一个事务范围内,两个相同的查询却返回了不同数据,这是由于查询时系统中其他事务修改的提交而引起的。

但在应用中为了提高并发度,可以容忍一些不一致现象。例如,大多数业务经适当调整后可以容忍不可重复读。当今流行的关系数据库系统(如Oracle、SQL Server等)是通过事务隔离与封锁机制来定义并发控制所要达到的目标的,根据其提供的协议,可以得到几乎任何类型的合理的并发控制方式。

(三)并发控制的实现

并发控制的实现途径有多种,如果DBMS支持,当然最好是运用其自身的并发控制能力。如果系统不能提供这样的功能,可以借助开发工具的支持,还可以考虑调整数据库应用程序,有的时候可以通过调整工作模式来避开这种会影响效率的并发操作。

并发控制能力是指多用户在同一时间对相同数据同时访问的能力。一般的关系型数据库都具有并发控制能力,但是这种并发功能也会给数据的一致性带来危险。试想,若有两个用户都试图访问某个银行用户的记录,并同时要求修改该用户的存款余额时,情况将会怎样呢?

四、数据库的恢复

(一)操作系统备份

不管为Oracle数据库设计什么样的恢复模式,数据库的数据文件、日志文件和控制文件的操作系统备份都是绝对需要的,它是保护介质故障的策略。操作系统备份分为完全备份和部分备份。

(二)介质故障的恢复

介质故障是当一个文件、文件的一部分或一块磁盘不能读或不能写时出现的故障。介质故障的恢复有以下两种形式,由数据库运行的归档方式决定:①如果数据库是可运行的,它的在线日志仅可重用但不能归档,此时介质恢复可使用最新的完全备份的简单恢复;②如果数据库可运行且其在线日志是可归档的,该介质故障的恢复是一个实际恢复过程,需重构受损的数据库,恢复到介质故障前的一个指定事务状态。

不管采用哪种方式,介质故障的恢复总是将整个数据库恢复到故障前的一个事务状态。

第三节 推理泄露问题与控制机制

一、推理泄露问题

(一)隐私信息安全理论

IT技术在最近几年的发展态势是非常迅猛的,以至于无论是人们日常的生活还是工作,已经离不开网络技术。人们的衣食住行会更依赖网络技术提供的多元化服务。那么,我们在享受网络技术提供便利性服务的时候,也需要意识到网络用户自身的信息安全和隐私安全可能正受到威胁。现阶段存在用户隐私信息被泄露的情况,这一情况的产生,很可能是因为某些网络服务站点对用户隐私信息管理不妥当,也可能是因为某些网络服务站点,为了实现自己的利益或者目的,从而主动泄露了用户的隐私信息,无论是哪一种形式,只要用户的个人信息被泄露,就会对用户的生活和工作产生一定的影响,而且从目前来看,隐私信息泄露的情况是现阶段比较常见的一种现象。

(二)本体相关理论

1.构建本体方法

本体是近年来计算机及相关领域普遍关注的一个研究热点。格鲁伯

(Gruber)定义本体为"概念模型的明确的规范说明",这一定义被广泛引用。也就是说,本体是用来描述某个领域范围内的概念及概念之间的关系,使得这些概念和关系在共享的范围内具有大家共同认可的、明确的、唯一的定义。本体目前被广泛应用于智能信息检索、信息集成、语义Web等领域。构建某领域的本体,首先应确定本体涉及的范围,明确构建本体的目的、作用和应用对象,同时必须能够清晰分析领域所蕴含的概念。

2.本体推理

本体属于数据层,用来描述领域资源。推理可以扩充本体的隐含知识,使本体具有实际应用价值。描述逻辑被广泛运用于本体的推理,可以表达本体创建本体的步骤类之间的关系并进行推理,从而得到本体中的隐含知识,丰富本体的知识。然而描述逻辑表述知识时存在一定局限性。

(三)隐私本体的创建

1.隐私领域

隐私领域主要包含实体、隐私数据、操作、策略四个要素。结合隐私领域的特点与实际应用情况,四个要素解析如下。

(1)实体

实体包含隐私数据的提供者(Web服务的请求者)和隐私数据的使用者(Web服务的提供者)。其中隐私信息的提供者可以是个人,或一些机构及组织;隐私信息的使用者一般是商业组织或非营利性机构。

(2)隐私数据

隐私数据主要是指需要保护的隐私信息,这些隐私信息用数据元素来表示,因此必须创建基本的数据集。这里的数据集是包含多个数据元素的数据组。本书根据现行的P3P规范,并结合实际使用经验,将隐私数据分为如下几类:①用来标识辨别身份的标识符,如身份证号码、护照号等;②个人基本身份信息,如姓名、性别、出生年月等;③联系或定位方式,如通信地址、邮政编码、电子邮件地址、QQ号码等;④由商业交易所产生的信息,如购买账单号、支付方式等;⑤关于个人经济的金融信息,如银行卡号、信用卡透支记录等;⑥与个人健康状况相关的信息,包括身体健康和心理健康等;⑦隐私信息提供者所从属的政治和家教信仰;⑧其他与隐私相关的信息。

（3）操作

表示对隐私数据能够进行的操作集合。常见的隐私领域对隐私数据的操作有收集、访问、发布、修改等行为。

（4）策略

策略是允许数据使用者对隐私数据进行操作前必须满足的一个需求集。结合下一代访问控制模型的使用控制(usage control,简称UCON)模型和隐私领域特征,隐私领域的策略主要包含目的、条件、职责义务、保留期限、许可、裁决等因素。

①目的:即对数据进行操作的目的。合法、正当、被隐私数据所有者认可的目的是隐私数据使用者能够对隐私数据进行操作的首要条件。

②条件:即对隐私数据操作的前提条件。当且仅当在隐私数据提供者认可接受的场合下,隐私数据的使用者才能够对隐私数据进行操作。

③职责义务:隐私数据使用者履行的职责义务。为实现对隐私数据的操作,隐私数据的使用者应承担的义务。

④保留期限:指隐私数据的使用者保留隐私数据的时长。

⑤许可:隐私数据使用者只有获得隐私数据提供者的许可,才可以对隐私数据进行操作。许可分为明文许可、拒绝、默认许可、默认拒绝、无须许可即可对数据进行操作。

⑥裁决:综合多种因素,隐私数据使用者(Web服务的提供者)裁决能否为数据提供者(Web服务的请求者)提供服务。

2.构建隐私本体

通常采用斯坦福大学的本体图形化编辑工具来构建本体。其提供了构建本体的基本功能。其扩展的OWL插件使其成为目前主流的OWL本体构建工具,是本体研究者构建本体的首选工具。

类属性构建完成后,根据实际需要创建实例及其属性值。创建该类的实例并填入属性值。通过上述步骤,Web服务的隐私本体初步创建完成。本体构建完成后需要验证本体的一致性,检测该本体包含的知识是否存在矛盾,各个组成部分是否协调一致。

(四)隐私本体的推理

1.基于用户隐私偏好的SWRL(Semantic Web Rule Language)规则

(1)用户隐私偏好

用户在多个Web服务中选择合适服务时,选择隐私策略与用户隐私偏好一致的Web服务至关重要,这可以避免用户隐私信息的泄露,保护用户的隐私。用户的隐私偏好是用户对自己的隐私需求的描述,即用户愿意暴露哪些隐私数据,暴露这些隐私数据的前提条件,这些隐私数据用于何种目的,以及这些数据的使用方需承担的义务等。

(2)建立SWRL规则

SWRL框架中的Atom用于定义条件判断的限制式,而SWRL框架中的Imp是用于定义规则的,Imp中的限制式由Atom提供。在隐私本体中SWRL规则主要使用两个限制式。

2.基于规则的隐私本体推理

采用基于规则的隐私本体推理方法来选择隐私策略与用户隐私偏好一致的服务。该方法主要包括以下三个步骤:第一步,合理地构建隐私领域本体,为进一步推理操作提供事实基础;第二步,在构建好的隐私本体的基础上,基于用户隐私偏好建立相应的推理规则;第三步,将隐私本体及推理规则加载到推理机进行推理,得到隐私本体的隐含知识,进而选择隐私策略与用户隐私偏好一致的Web服务。

(五)位置服务中基于二分图的身份推理攻击

1.基于二分图的身份推理攻击

(1)身份推理攻击模型

在基于位置的服务中,用户请求位置服务,位置服务器应答用户请求提供服务。为了保护用户隐私信息,在用户和位置服务器通过隐私保护机制来保护用户隐私。这里不考虑隐私保护机制究竟是在用户端完成,还是在位置服务器端完成。攻击者位于隐私保护机制和位置服务器之间,通过观察并获取通信双方的传输信息推理用户真实身份。用户身份推理攻击过程为:首先,用户选定基于位置的服务,运行相应的位置隐私保护机制;然后,攻击者通过观察经单脉冲位置调制(L-PPM)发送给基于位置的服务器的可观测信息,结合背景知识推理用户的身份信息。

(2)基本概念

基于位置的服务作为一种信息系统,用户标志涉及三种形式,即永久性标志、临时性标志和匿名。

二、控制机制

(一)认证、审计与访问控制

在讨论传统访问控制技术之前,先就访问控制与认证、审计之间的关系,以及访问控制的概念和内涵进行概要说明。

在计算机系统中,认证、审计和访问控制共同建立了保护系统安全的基础。其中认证是用户进入系统的第一道防线,访问控制则在鉴别用户的合法身份后,通过引用监控器控制用户对数据信息的访问。引用监控器具体是通过进一步查询授权数据库来判定用户是否可以合法操作该客体的,授权数据库由系统安全管理员根据组织的安全策略进行授权的设置、管理和维护,有时用户也能修改授权数据库的部分内容,如设置他们自己文件的访问权限。

(二)传统访问控制技术

1.自主访问控制及其发展

自主访问控制是目前计算机系统中实现最多的访问控制机制,它是在确认主体身份及其所属组的基础上对访问进行限定的一种方法。传统的自主访问控制最早出现在20世纪70年代初期的分时系统中。它是多用户环境下最常用的一种访问控制技术,在目前流行的UNIX类操作系统中被普遍采用。其基本思想是,允许某个主体显式地指定其他主体对该主体拥有资源的访问类型。

由于自主访问控制对用户提供灵活的数据访问方式,能够适用于多数系统环境,因而自主访问控制被大量采用,尤其是在商业和工业环境中应用广泛。自主访问控制技术在一定程度上实现了权限隔离和资源保护,但是在资源共享方面难以控制。为了便于资源共享,一些系统在实现自主访问控制时,引入了用户组的概念,以实现组内用户的资源共享。

2.强制访问控制及其发展

强制访问控制最早出现在Muilies系统中,在1985美国国防部可信计算机评价准则(TESEC)中被作为B级安全系统的主要评价标准的强制访问控制的基本思想是:每个主体都有既定的安全属性,每个客体也都有既定安全属性,主体对客体能否执行特定的操作取决于两者安全属性之间的关系。

(三)新型访问控制技术

1.基于角色的访问控制

在基于角色的访问控制中,在用户和访问许可权之间引入了角色的概念,用户与特定的一个或多个角色相联系,角色又与一个或多个访问许可权相联系。迄今为止已发展了四种基于角色的访问控制模型:①基本模型,该模型指明用户、角色、访问权和会话之间的关系;②层次模型,该模型是偏序的,上层角色可继承下层角色的访问权;③约束模型,该模型除包含基本模型的所有基本特性外,增加了对基本模型的所有元素的约束检查,只有拥有有效值的元素才可被接受;④层次约束模型,该模型兼有层次模型和约束模型的特点。基于角色的访问控制的好处在于一个组织内的角色相对稳定,系统建立起来以后主要的管理工作即为授权或取消主体的角色,这与一些组织通常的业务管理很类似。如一个公司可以建立经理会计等角色,然后根据不同的角色给予授权,进行管理。

2.基于任务的访问控制

基于任务的访问控制是一种新的安全模型,从应用和企业层角度来解决安全问题(而非从系统的角度)。它采用"面向任务"的观点,从任务(活动)的角度来建立安全模型和实现安全机制,在任务处理的过程中提供动态实时的安全管理。在基于任务的访问控制中,对象的访问权限控制并不是静止不变的,而是随着执行任务的上下文环境发生变化,这是称其为主动安全模型的原因。

(四)访问控制的实现技术

现实系统中通常不使用访问控制矩阵,但可在访问控制矩阵的基础上实现其他访问控制模型。这一过程主要包括以下三个方面:①基于访问控制表的访问控制实现技术;②基于能力关系表的访问控制实现技术;③基于权限关系表的访问控制实现技术。

1.访问控制表

访问控制表是以文件为中心来建立访问权限表。表中登记了该文件的访问用户名及访问权隶属关系。

尽管在查询特定主体能够访问的客体时需遍历所有客体的访问控制表,但由于访问控制表的简单、实用,使其仍不失为一种成熟且有效的访问控制实现方法。许多通用的操作系统都使用访问控制表来提供访问控制服务。例如,UNIX 和 VMS 系统利用访问控制表的简略方式,允许以少量工作组的形式实现访问控制表,而不允许单个主体出现,这样可以使访问控制表很小且能够和文件存储在一起。另一种复杂的访问控制表应用是利用一些访问控制包,通过它制定复杂的访问规则来限制何时和如何进行访问,而且这些规则将根据用户名和其他用户属性的定义进行单个用户的匹配应用。

2.能力关系表

利用能力关系表可以很方便地查询一个主体的所有授权访问。相反,检索具有授权访问特定客体的所有主体,则需要遍历所有主体的能力关系表。自 20 世纪 70 年代起,人们就开始开发基于能力关系表实现访问控制的计算机系统,但最终没有获得商业上的成功。现代计算机系统还是主要利用访问控制表的方法。当然,可以把能力关系表和访问控制表结合起来,发挥两者的优势,在分布式系统中这种方法就很有市场,因为分布式系统中不需要主体重复认证,主体认证一次获得自己的能力关系表后,就可以根据能力关系从对应的服务器获得相应的服务,而各个服务器可以进一步采用访问控制表进行访问控制。

3.权限关系表

由于访问控制表和能力关系表各有千秋,于是可以考虑从另一角度来表示访问控制关系,即直接建立用户与文件的隶属关系,不需要表示主体与客体之间的多种访问关系,这便是权限关系表的原理。

(五)安全访问规则(授权)的管理

1.强制访问控制的授权管理

在强制访问控制中,允许的访问控制完全是根据主体和客体的安全级别来决定的。其中,主体(用户、进程)的安全级别由系统安全管理员赋予,客体的安全级别则由系统根据创建它们的用户的安全级别决定。因此,强制访问控制的管理策略比较简单,只有安全管理员能够改变主体和客体的安全级别。

2.自主访问控制的授权管理

自主访问控制提供了许多不同的管理策略,主要有以下五种方式:①集中式,仅单个管理者或组对用户进行访问控制授权和授权撤销;②分层式,中心管理者把管理责任分配给其他管理员,这些管理员再对用户进行访问授权和授权撤销,分层式管理可以根据组织结构来实行;③所有式,若一个用户是一个客体的所有者,则该用户可以对其他用户访问该客体进行授权访问和授权撤销;④合作式,对于特定系统资源的访问不能由单个用户授权决定,而必须要其他用户的合作授权决定;⑤分散式,在分散管理中,客体所有者可以把管理权限授权给其他用户。

3.角色访问控制的授权管理

角色访问控制提供了类似自由访问控制的许多管理策略。而且管理权限的委托代理是角色访问控制管理的重要特点,这在以上两种访问控制的管理策略中都不存在。在大规模分布式系统中,实行集中管理一般是不可能的。实际上,常把由中心管理员对特定客体集合的权限管理委托给其他管理员进行授权。例如,对于特定区域客体的管理授权可以由该区域的管理员代理执行,而区域管理员则由中心管理员进行授权管理,这样就形成了多个子区域,在各个子区域中可以重复进行委托代理处理,继续形成子区域。

第四节 数据库的安全保护技术

一、数据库的安全保护层次

(一)网络系统层次安全

从广义上讲,数据库的安全首先依赖于网络系统。随着因特网的发展和普及,越来越多的公司将其核心业务向互联网转移,各种基于网络的数据库应用系统纷纷涌现出来,面向网络用户提供各种信息服务。可以说,网络系统是数据库应用的外部环境和基础,数据库系统要发挥其强大的作用,离不开网络系统的支持,数据库系统的用户(如异地用户、分布式用户)也要通过网络才能访问数据库的数据。网络系统的安全是数据库安全的第一道屏障,外部入侵首先就是从入侵网络系统开始的。网络入侵试图破坏信息系统的完整性、保密性或可信任的任何网络活动的集合。

(二)操作系统层次安全

操作系统是大型数据库系统的运行平台,为数据库系统提供了一定程度的安全保护。目前操作系统平台大多为 Windows NT 和 UNIX,安全级别通常为 C2 级。主要安全技术有访问控制安全策略、系统漏洞分析与防范、操作系统安全管理等。

访问控制安全策略用于配置本地计算机的安全设置,包括密码策略、账户策略、审核策略、IP安全策略、用户权限分配、资源属性设置等,具体可以体现在用户账户、口令、访问权限和审计等方面。

(三)数据库管理系统层次安全

数据库系统的安全性在很大程度上依赖于数据库管理系统(DBMS)。若DBMS的安全性机制非常完善,则数据库系统的安全性能就好。目前市场上流行的是关系型数据库管理系统,其安全性功能较弱,这就对数据库系统的安全性存在一定的威胁。

由于数据库系统在操作系统下都是以文件形式进行管理的,因此入侵者可以直接利用操作系统漏洞窃取数据库文件,或者直接利用操作系统工具非法伪造、篡改数据库文件内容。

数据库管理系统层次安全技术主要是用来解决这些问题,即当前面两个层次已经被突破的情况下仍能保障数据库数据的安全,这就要求数据库管理系统必须有一套强有力的安全机制。采取对数据库文件进行加密处理是解决该层次安全的有效方法。因此,即使数据不慎泄露或者丢失,也难以被人破译和阅读。

二、数据库的审计

数据库的审计有用户审计和系统审计两种方式。

(一)用户审计

进行用户审计时,DBMS的审计系统记录下所有对表和视图进行访问的企图,以及每次操作的用户名、时间、操作代码等信息。这些信息一般都被记录在数据字典中,利用这些信息可以进行审计分析。

(二)系统审计

系统审计由系统管理员进行,其审计内容主要是系统一级命令及数据库客体的使用情况。

数据库系统的审计工作主要包括设备安全审计、操作审计、应用审计和攻击审计等方面。设备安全审计主要审查系统资源的安全策略、安全保护措施和故障恢复计划等；操作审计是对系统的各种操作进行记录和分析；应用审计是审计建立于数据库上整个应用系统的功能、控制逻辑和数据流是否正确；攻击审计是指对已发生的攻击性操作和危害系统安全的事件进行检查和审计。

常用的审计技术有静态分析系统技术、运行验证技术和运行结果验证技术等。

为了真正达到审计目的，必须对记录了数据库系统中所发生过的事件的审计数据提供查询和分析手段。具体而言，审计分析要解决特权用户的身份鉴别、审计数据的查询、审计数据的格式、审计分析工具的开发等问题。

三、数据库的加密保护

大型 DBMS 的运行平台（如 Windows NT 和 UNIX）一般都具有用户注册、用户识别、任意存取控制、审计等安全功能。虽然 DBMS 在操作系统的基础上增加了不少安全措施（如基于权限的访问控制等），但操作系统和 DBMS 对数据库文件本身仍然缺乏有效的安全保护措施。网上有经验的黑客也会绕过一些防范屏障，直接利用操作系统工具窃取或篡改数据库文件内容，这种隐患被称为通向 DBMS 的"隐秘通道"，一般数据库用户难以觉察。

对数据库中存储的数据进行加密是一种保护数据库数据安全的有效方法。数据库的数据加密一般是在通用的数据库管理系统之上，增加一些加密／解密控件，来完成对数据本身的控制。与一般通信中加密的情况不同，数据库的数据加密通常不是对数据文件加密，而是对记录的字段加密。当然，在数据备份到离线的介质上并送到异地保存时，也有必要对整个数据文件进行加密。

实现数据库加密以后，各用户（或用户组）的数据由用户使用自己的密钥加密，数据库管理员对获得的信息无法随意进行解密，从而保证了用户信息的安全。另外,通过加密,数据库的备份内容成为密文,从而能减少因备份介质失窃或丢失而造成的损失。由此可见,数据库加密对于企业内部安全管理也是不可或缺的。

数据库加密系统具有很多优点:①系统对数据库的最终用户完全透明,数据库管理员可以指定需要加密的数据并根据需要进行明文和密文的转换;②系统完全独立于数据库应用系统,不需要改动数据库应用系统就能实现加密功能,同时系统采用了分组加密法和二级密钥管理,实现了"一次一密"加密操作;③系统在客户端进行数据加密 / 解密运算,不会影响数据库服务器的系统效率,数据加密 / 解密运算基本无延迟感觉。

数据库加密系统能够有效地保证数据的安全,即使黑客窃取了关键数据,仍然难以得到所需的信息,因为所有的数据都经过了加密。另外,数据库加密以后,可以设定不需要了解数据内容的系统管理员不能见到明文,这样可大大提高关键性数据的安全性。

第五节 数据库的多级安全问题

一、计算机数据库存在的安全问题

目前,数据库存在的安全问题主要来自三个方面:一是操作系统存在安全方面的问题;二是网络用户并不具备较高的网络信息安全意识;三是数据库系统存在安全方面的问题。

(一)计算机操作系统方面的安全问题

一般情况下,操作系统上的安全问题会体现在数据库系统与操作系统二者之间的相关性上,也会从系统后门体现出来,还会从病毒的方面体现出来。从病毒的角度来说,在操作系统中,很有可能隐匿木马程序,这一程序会直接影响数据库整体系统的安全性。一旦木马程序进入到操作系统当中,就会将程序的密码进行修改。如果密码被木马程序修改,那么该程序中所有的个人信息就会被外界的恶意攻击者所截获。从系统后门的角度来看,数据库系统自身所具备的特征参数,对于数据库管理人员来说,具有极强的便利性,也正因为这一便利性,使操作系统中存在后门,那么外部环境中的入侵者可以利用这一后门对数据库进行恶意的攻击。从数据库系统与操作系统之间的相关性来看,操作系统中最基本的功能就是对文件进行有效的管理,而且操作系统可以对不同类型的文件进行授权,以访问控制的形式对不同类型的文件进行读写。另外,也会对用户的账号和密码进行控制和识别,基于操作系统之上的硬件设备和整体环境能够看出数据库系统安全性可以得到保障。

(二)用户网络信息安全意识薄弱的问题

目前,仍有大部分网络用户没有意识到网络信息安全的重要性,针对这方面也不具备较强的安全意识,在数据资源的应用过程中,也没有合理采取安全管理措施,最终会导致主机数据库安全受到威胁,甚至会出现安全事件的多频次发生。因此,数据库中的数据文件和资源会被外部环境中的恶意攻击者截取。从本质上分析这一问题,能够看出,这是基于管理疏忽而诱发的数据库安全威胁。除此之外,普遍存在的一个现象是,一部分使用者在传输或者应用数据库中数据文件时,其自身并不具备较高的计算机操作水平,对计算机各项技术的应用能力也比较薄弱,以至于用户在操作过程中就会忽视多方面的安全问题,尤其是数据安全。例如,一些用户会在设置密码的过程中以简单好记的密码为主,以此来设置数据库密码或者账户密码就非常容易被外部环境中的非法入侵者窃取私人信息数据。

(三)数据库系统自身存在的安全问题

一些数据库系统其自身的结构就存在安全方面的问题和漏洞。现阶段,关系数据库是诸多软件数据库所采用的一种形式,这一系统已经得到了广泛应用,其自身的功能也是非常强大的,产品已经趋于发展成熟的阶段,用户对关系数据库系统的喜爱度是非常高的。这一数据库系统的相关技术已经成熟,且系统的兼容性非常强,一般情况下,数据开发人员在选择数据库系统的时候,会在第一时间考虑关系数据库。实际上,开发人员在应用关系数据库的过程中,能够看出其固有的特性,也就是说在与之兼容的一些操作系统数据库方面的安全功能并没有得到相应的完善,在数据升级改造的过程中存在安全方面的问题和漏洞,这些已经是外部环境中非法攻击者惯用的伎俩,以至于关系数据库受到网络恶意攻击的次数越来越频繁,所以从安全性能上来看,关系数据库中的相关技术还没有发展到成熟阶段。

(四)计算机数据库的安全管理目标

数据库在计算机系统结构中起到的主要作用,就是使内部的数据文件及数据资源得到有效的保护,并且在传输过程中具有稳定性和安全性。数据库管理系统在计算机系统结构中核心的工作目标,是将数据安全作为关键点,在此基础上为网络用户提供信息数据和数据文件共享服务。数据库管理系统的工作形式和内容主要有以下几点:首先,数据库管理系统需要对数据进行集中的管理,并且管理形式具有统一性特征,在对数据实时有效且统一管理后,为网络用户提供数据共享服务。其次,若是有应用程序申请访问数据库中的某组数据,数据库管理系统可以提供以逻辑访问的形式进行访问,由此,使访问程序更加简便,也提高了访问效率。然后,数据管理系统核心的工作内容就是确保系统中的数据文件的安全性得到保护,以多用户共享为前提,还需要确保数据信息资源所有者自身的利益。接下来,数据库管理系统需要解决系统结构中的一些问题,从而确保数据保持逻辑上的统一。最后,使数据与数据之间的依赖性逐渐减少,突出数据信息的独立性。

二、计算机数据库安全管理的特征

(一)保证数据的恢复功能

数据库安全系统从两个方面提供保护措施:一是保护数据库的完整性;二是保护数据库的安全性。在此基础上,以正确的逻辑落实各项工作程序。

实际上,数据保护中出现的问题,很多是因为人为操作过程中出现的失误,也有一些是因为计算机系统中硬件出现了故障,以至于数据库整体的安全性存在威胁或者漏洞。无论是人为操作过程中的失误,还是计算机系统硬件本身存在的问题,这些现象会使数据库中的资源遭到破坏,严重的话会导致数据资源泄露,所以,在计算机数据库管理系统中增加数据恢复功能是非常重要,也是十分必要的。

(二)保证数据的完整性

在数据库管理系统中,数据本身所具有的有效性、正确性等方面的特征具有非常高的贡献度。这就是上文提到的数据完整性。数据安全性在得到保护的同时,数据库安全系统也会实施相应的措施来确保数据自身的兼容性、有效性及正确性不被破坏,以此就能够使数据完整性得到有效保证。针对同一数据,不同的网络用户在同一时间对其访问时,这一过程体现出的就是数据的相容性。理论上的数据能够满足不同用户对数据的实际性需求,这指的是数据库中理论数据的有效性。在数据库中数据表与输入值是相统一的,那么,就证明数据库中的数据具有正确性。

(三)保证并发控制功能

数据自身的安全性及在传输过程中的稳定性,是需要数据库管理系统提供相应保护的措施才能实现这一目标的。另外,针对不同客户提出的多类型数据的服务需求,数据库管理系统能够满足用户。在数据资源的使用过程中会出现用户在一个时间段内,对多种类型的信息资源进行使用或者查询。通常情况下,这些用户不一定都是独立的用户,也存在多个用户在同一时间段内,对某种类型的资源同时进行索取的现象,那么这样的情况就会在数据查询的过程中造成混乱,很容易使已经授权的用户对数据的存取做出不正当的行为。基于这样的情况,数据库管理系统中需要增加并发控制,这一功能对于数据库管理系统的有效性来说是很有必要的。

(四)保证数据的安全性

网络用户在查询或者使用数据信息的时候,需要对数据库进行访问。用户访问数据库的方式主要有自主存取、鉴别与标识、视图机制及强制存取等。无论用户选择哪一种方式对数据库实施访问,都需要用户能够以授权规则为基础,从而才能确保对数据库实施合法的访问。以数据资源的特点为核心,数据库会根据这些特性将数据分成不同的类别,从而进一步对数据进行处理,也就是说在数据库管理系统中,数据以一般数据的形式和保密数据的形式存在,这两种数据在管理上是区分管理的。数据库中存储的是保密数据及审计数据,所以,数据的安全性是否得到保护,是数据库管理系统的工作核心。另外,这也是数据库管理系统自身所具备的基本特征之一。

三、计算机数据库安全管理存在的不足

(一)数据库的系统

上文中提到的关系数据库在应用上是非常广泛的,关系数据库自身所具有的作用也是非常强大的,可是从整体上来说,关系数据库中还欠缺一些比较重要的安全特性,也就意味着,关系数据库自身的系统结构还需要进一步完善。

(二)操作系统

首先,从数据库系统特征中可获得参数的主要目的是管理工作人员在日后对数据库系统的操作过程中,具有一定的便利性,可这一便利形式的数据库系统在访问方面留下后门,外部环境中的攻击者就会利用这一后门实施恶意的攻击行为。其次,数据库系统与操作系统二者之间的衔接是非常紧密的。在文件的读写过程中,涉及存取控制及对数据库系统中数据文件进行授权,无论是哪一个过程,都需要数据库系统与文件的操作系统相互衔接才能完成授权行为和读写行为。那么,人们可以把数据库整体系统的安

全性建立在硬件设备与操作系统相结合的基础上,二者的协同控制就能够有效实现数据库系统的安全。最后,对于计算机数据库系统来说,最大的安全威胁就是系统中可能隐匿的病毒,这对于数据库中的数据文件来说是致命的威胁。

(三)管理系统

目前,还有很大一部分网络用户,在使用网络数据的过程中,并没有对计算机数据库的安全影响因素具有正确的认知,也没有意识到管理系统与信息数据库之间的衔接关系,从而就会使用户在应用信息数据的过程中,轻视计算机系统安全管理方面的内容,以至于计算机数据库安全管理措施得不到有效落实。常见的情况是用户在很大程度上忽视了环境测试中的修复补丁,也没有关注到生产环境中的修复补丁,这些补丁对于管理系统整体的安全性来说都是非常重要的一种修复手段。

四、计算机数据库安全管理的有效措施

(一)安全模型

在计算机数据库中,安全模型构建的最终目的是,使数据库系统管理的安全性与稳定性得到提高,这也意味着数据的完整性会得到有效保护,同时能够确保计算机数据安全管理系统得以正常运作。现阶段安全模型主要分为两个类别:一是多边安全模型。这一模型在计算机数据库安全管理系统中的构建,其最大的作用就是使数据库中的信息得到有效保护,最大限度地实现数据库的信息安全,针对数据库中信息横向泄露及信息数据遭受损失的情况,能够做到有效地规避和阻止。二是多级安全模型。这一模型可以分为三个不同的安全等级,其中包括秘密级安全模型、机密级安全模型、绝密级安全模型。在数据的使用过程中,用户若是拥有较高级的秘密权限,就可以对相对低一级的秘密信息进行访问和使用。现阶段计算机安全管理系统中常见的安全管理模型是多级安全模型。

(二)用户标识和鉴别

在保护数据信息资源的过程中,可应用的措施是多元化的,其中对用户身份的鉴别和标识,也是一项非常有效的保护措施。针对鉴别和标识这项措施,具体的应用方法是多元化的,在同一个数据库管理系统中可以应用不同的实施方法,每一种方法都可以做到对数据安全性的强化。现阶段比较常用的几种方法有:首先,用户在访问数据库系统时,需要先以口令的形式对用户的访问身份进行鉴别。其次,以随机数运算的回答结果来进行用户身份的确定。最后,用户需要以账号和密码输入的形式来确认自己的身份。通常情况下,直接用账号密码确认身份的形式在企业系统中比较常见,这样的管理形式是企业管理程序特征所决定的。一般情况下,企业程序结构比较复杂,在管理上需要的成本非常大。

(三)粒度细化

在计算机数据库系统中,安全方面的敏感标记与访问控制方面的粒度级别存在着紧密的关联。从某种意义上来说,安全方面的敏感标记是由访问控制方面的粒度级别来决定的。在计算机中会有强制访问的行为,敏感标识就是强制访问的根本依据。在访问的过程中,最小的单位是访问控制的粒度,同时也体现出被标记的安全级别的单位,这也意味着被访问过程细化度。简单来说,如果粒度以极小的形式存在在访问控制中,那么就意味着访问控制自身的单位比较小,访问的程度非常细化,安全方面的敏感标记级别非常高,最终体现出较高级别的数据稳定性与数据安全性。

(四)访问控制

对于计算机数据库的安全管理工作来说,若是具备访问控制功能,就意味着安全管理工作得到了一定的保障。这一功能要求网络用户在使用或者查询数据库中的数据文件和数据资源时,一定要确保自身身份的合法性,并且对访问的数据资源有使用和查询的权限,才能对数据文件和数据资源进行合法的使用和查询。简单来说,访问控制这一功能能够及时利用有效的基础手段辨别出用户身份是否合法,能够阻止未经授权的非法身份以不正当的行为对数据库进行访问,也可以在第一时间拒绝未被授权的非法用户所提出的,对数据库内数据文件和数据资源的访问请求,这是保护数据库整体资源的有效方式,也能够确保数据库中的信息资源不会被外部的入侵者窃取或者篡改。

(五)安全审计

数据库管理人员对数据做出的审计分析是由安全审计提供的,从某种角度来说,在系统中如果出现违反安全管理方面的事件,都可以由安全审计来有效地进行解决,从而使数据库系统的整体运行质量得到提升。如果安全审计在数据库系统中是以科学、合理、有效的形式存在的,那么对于系统来说,就能够有效规避一些安全漏洞,从而阻止这些安全漏洞对数据库信息系统产生的损伤,也就是说,安全审计能够针对数据库中数据服务器的整体管理性能起到一定的提升作用。实际上,管理人员在数据库系统的安全管理过程中,经常会遇到系统漏洞,如果安全审计在数据库系统中存在的方式不具有科学性、合理性及有效性,那么,数据库系统中的一切活动就不能被安全审计有效监控,也不会对违反安全的事件进行审计,加之系统中存在安全漏洞,一旦出现数据文件和数据资源被泄露和被损害的情况,就很难在事故发生的第一时间检测出系统漏洞的存在。相反,如果安全审计在数据库信息中是以科学、合理、有效的形式存在,那么数据库信息系统中一旦出现针对数据文件和数据资源方面的违法与跟踪行为,就能够通过审计工作,在第一时间获取这一非法行为的实施者,也可以跟踪追查这一行为实施的具体时间和实施过程。安全审计工作能够在很大程度上确保信息数据的安全性、完整性。

(六)加密数据

在数据库信息系统当中,涉及所有的数据资源和数据文件的存储和传输行为,那么,在传输与存储的过程中,很可能会出现外部环境中的非法窃取、转载和盗用现象。针对数据文件和数据资源实施的加密技术,就能够有效防止这一现象。在数据加密中,其自身的基本思想是以一定的算法为基础,使原始的数据在加密之前没有形成格式上的转换,这样就会使不了解解密算法的用户不能通过直接识别的形式来获取加密数据信息中的原始内容。在加密数据的保密过程中,最核心的一项技术就是密码。对于信息的整体安全与完整性来说,加密数据中的密码技术具有非常重要的作用,其自身的重要性是不可以被取代的。现如今,计算机网络已经逐渐渗透在人们的生活领域和工作领域当中,在不同的领域涉及不同类型的信息数据,所以,加密技术在各个领域的应用范围逐渐拓宽。数据库信息系统中的数据加密实际上就是密码技术的综合应用。从数据库信息系统管理角度来说,其自身的核心作用是对系统中的信息资源和数据资源起到有效管理和科学存储的作用,要在安全管理工作中确保信息资源和数据资源的安全性得到保护。一般情况下,数据库系统自身所具备的安全管理措施就能够解决数据库运行中的安全事件。可是,在系统结构中会存在一些敏感数据信息领域或者一些比较重要的数据结构,针对这一部分的安全管理来说,数据库信息系统自身所具备的控制功能并不能使这一领域的安全级别提升至最大化。基于这样的现状,就有必要针对数据库信息系统中的那部分数据实施加密处理,这样才能够使存储在数据库信息系统中的敏感数据资源和重要数据结构得到有效保护。

(七)隐通道分析技术

数据库系统中的信息资源会受到强制访问控制、自主访问控制的限制,所以,想要规避这一限制,就需要安全级别较低的主体通过安全级别较高的主体流程。另外,虽然主体的安全性级别较低,但是也可以利用不同的方式向安全性级别较高的主体提供信息,常用的就是隐通道。所谓的隐通道,指的是网络用户基于打破数据库系统安全管理策略的形式,将信息资源传输给网络中的另一名用户。这一传输机制最初的形式是系统自身用来传输访问控制系统中资源的。隐通道一般为两种不同的类型:一是存储隐通道;二是定时隐通道。

第九章 系统渗透和漏洞扫描技术

第一节 系统渗透检测

一、系统总体设计

(一)系统组成

本书设计的漏洞智能检测与远程修复系统包括控制台、检测引擎、插件和数据库四个部分。

系统采取了分层式设计,按照表示层、控制层和实体层三层设计,三者之间按预定义的接口通信,数据库存储系统数据。该层次结构可扩展性强,保证了系统的稳定性和容错能力。

(二)系统的功能模块

系统主要分为控制台、检测引擎、插件和数据库四个部分,其中插件由多个独立的子功能模块组成。

1.控制台

控制台是用户与系统交互的图形化界面。用户通过控制台访问系统,完成包括定制检测任务、查看检测结果、自定义检测策略等一切与系统发生的交互操作。控制台同时将相应的检测任务数据、检测策略数据和结果数据通过数据库存储,并可完成检测结果报告生成。控制台的功能按照用户需求设计展开。本系统的功能要求其能够灵活、自动地完成以信息探测和渗透测试为主要方式的网络安全检测。在此需求的前提下,系统应提供简洁但完善的检测任务管理功能,且检测任务内容可灵活定制。

2.检测引擎

检测引擎是入侵检测系统的核心组成部分,其主要功能是根据用户定制的检测任务信息调度相应检测插件执行并返回结果。为完成该功能,检测引擎必须完成插件加载、任务数据解析、插件调度、插件执行、保存结果等一系列操作。插件调度是检测引擎的关键,本系统拟根据漏洞依赖关系设计效率较高的调度算法。同时,检测引擎具备较高的容错性,保证在复杂多变的网络环境下检测插件的执行过程受到合理控制,避免因检测插件出现问题而引起整个系统不稳定。

3.插件

插件由多个完成实际功能的模块组成。插件由检测引擎调度执行,由检测引擎向其传递检测参数,并向检测引擎传回结果数据。插件在设计和实现上采用相对固定的结构和工作流程,使用统一的插件接口与检测引擎通信。设计时将插件分为信息探测插件和渗透测试插件两类。信息探测插件只对目标进行信息探测和获取,而不进行任何攻击行为;渗透测试插件根据信息探测插件获取的目标信息,在目标信息满足一定条件的情况下,模拟黑客攻击对目标进行渗透测试。信息探测插件的实现依据网络协议规范和应用协议特征,渗透测试插件的实现则主要依赖于漏洞特征。系统以检测策略的方式将插件组织为检测模板并可自定义,用户可根据检测内容和检测目的自由地组合插件。

4.数据库

数据库用于存储检测任务数据、检测策略数据、检测结果数据、插件和漏洞信息表。控制台将用户定制的检测任务存储于数据库中,检测引擎从数据库加载检测任务并解析执行,然后将检测结果写回数据库,控制台再从数据库读取。

二、系统的实现

(一)控制界面

控制界面的功能按照用户需求设计展开。本系统的功能要求其能够灵活、自动地完成以信息探测和渗透测试为主要方式的网络安全检测。在此需求的前提下,系统应提供简洁但完善的检测任务管理功能,且检测任务内容可灵活定制。在对用户需求进行分析的基础上,控制界面的设计和实现应按照该用户定义进行。

检测任务管理主要完成新建检测任务、列出已有检测任务、查看检测任务、查看任务结果、删除检测任务等操作。新建检测任务即由用户制定新的检测任务,检测任务的内容包括检测目标、检测策略(即检测内容)、任务描述等内容。为方便使用,检测目标的定制上提供主机名(域名)、子网、网段三种输入方式,可一次输入多个目标地址。用户定制检测任务参数完毕后,系统将检测任务数据存入数据库。后续的查看任务、查看任务结果、删除任务等操作都是对数据库中该条任务数据的操作,其中的查看任务结果是从数据库中读出该任务的结果信息,经过一定处理后生成较为直观的HTML格式结果报告。

检测策略管理主要完成新建检测策略、列出已有检测策略、查看检测策略、删除检测策略等操作。如前所述,检测策略是以检测插件集合方式组织检测内容模板,可供多个检测任务重复使用。检测策略的主要内容包括策略名称、策略描述、安全检测插件(即信息探测插件)集合和渗透测试插件集合。安全检测插件和渗透测试插件可划归为不同策略,也可分配至同一策略一起执行。

(二)检测引擎

检测引擎以Windows系统服务方式实现,并可随系统启动而自动启动。检测引擎启动后,首先完成插件信息加载。插件以DLL形式封装,插件信息存储在各插件文件中,并可通过插件初始化接口读取。探测引擎依次调用各个插件的初始化接口将各插件信息加载到内存中的插件信息结构链表。对于一个具体的插件,探测引擎首先将插件动态加载到其内存空间中,得到该插件的初始化接口函数地址并调用该函数,插件信息即会被复制到由探测引擎生成并管理的插件信息结构链表中,然后动态释放该插件对应的

DLL文件。插件信息结构链表的每个节点同时存储插件文件名等信息,以便于在后续执行过程中快速加载检测插件。

探测引擎完成所有安全检测插件和渗透测试插件信息加载后,会根据各插件之间的依赖关系对插件信息进行排序。目标信息探测技术种类纷繁,它们中有的存在结果依赖的关系,如端口扫描技术可以探测出目标主机的端口开放情况;服务类型探测技术和操作系统类型探测技术利用这些端口开放信息,可以减少进一步信息探测的盲目性。充分利用好插件结果的依赖关系,而正确地安排插件执行的顺序,可以减少进一步侦察的盲目性,提高针对性,从而大大提高扫描效率。插件结果间的依赖关系即排序的依据。根据插件依赖关系,某些信息探测插件的结果可作为后续信息探测或渗透测试执行参数的条件输入。在探测引擎具体实现中,针对同一个检测目标的一次检测过程中维护一个全局数据结构链表,通过该数据结构链表对某些关键的中间结果进行全局存取。插件排序的结果保证那些结果被依赖的插件排在前面执行,并将探测得到的有用中间结果以"名称—值"的方式存储在该全局数据结构链表中,后续检测插件通过查询该链表取得执行条件。

(三)插件的实现

插件的实现方法是将系统的具体检测功能分别封装在具有统一接口的DLL文件中,每个DLL文件分别对应于一个或一类信息探测或渗透测试方法。检测插件的一般结构由三部分组成:第一部分是插件描述信息定义;第二部分是插件输出函数和检测线程函数的定义;第三部分是插件输出函数和检测线程函数的实现。第一部分主要由一系列的宏定义组成,主要定义插件的名称、ID编号、插件描述、版权、所属家族、适用目标平台、被攻击的起始和终止端口、插件种类等。第二部分主要声明插件的输出接口函数和检测线程函数,主要包括插件初始化接口、插件运行接口和检测功能实现函数,其他用户需要的函数也在此一并声明。第三部分是各函数的算法实现,也是插件的实际功能实现部分,其中插件初始化接口函数和插件运行接口函数都遵循统一的模式,所有插件之间没有实质的区别,只有一些参数上的差异。插件初始化接口函数主要完成对描述插件接口的数据结构的初始化,其基本过程是向检测引擎传递插件描述信息,插件运行接口函数主要完成对输入参数的合法性进行检验、创建检测线程,通过检测线程的返回结果判断检测的有效性,并将结果返回给检测引擎。检测功能函数是插件进行安全检测和验证的主函数,其一般模式是创建并初始化需要的socket套接字,根据需要进行相应的socket处理,发送检测数据包,接收检测返回数据包,对返回结果进行条件匹配,并将检测结果填入结果数据结构并返回。该函数的具体处理过程依据检测内容而定。

第二节 操作系统加固策略

一、身份鉴别要求

身份鉴别要求如下:①限制账户连续登录操作系统失败次数,超过该次数后锁定账户;②设置超过非法登录次数限制后锁定账户时间;③设置操作系统账户口令有足够的长度,包含多种形式,如大小写字母、数字或特殊字符,并设置有效期;④在系统休眠或挂起状态唤醒时提示输入口令。

二、访问控制要求

访问控制要求如下:①禁用操作系统的来宾账户和无用的内置账户,如Everyone、Guest;②禁止匿名账户访问操作系统;③重命名操作系统默认账户名,禁用账户的默认口令;④限制具有远程访问、卷维护任务、枚举账户信息、设定进程优先级、更改计算机内部时钟、调试系统程序、驱动安装或监视系统性能等权限的账户范围;⑤在远处访问时启用安全通道功能。

三、资源控制要求

资源控制要求如下:①禁用非授权的远处协助、蓝牙支持、剪贴簿远处连接、错误报告发送、SNMP、Telnet和Wi-Fi等存在安全风险的服务;②禁用操作系统默认功效,限制可访问的命名管道;③在应用程序提升权限操作时启用安全配置环境进行身份认证;④限制介质插入驱动器后自动运行;⑤关闭非法与无用的监听端口,如138、139、445等;⑥禁止未经验证的RPC连接和调用。

四、入侵防范配置要求

入侵防范配置要求如下:①启用操作系统自带防火墙;②启用操作系统定期备份;③限制未签名应用程序的安装和运行;④加强账户口令存储的加密算法强度;⑤启用操作系统的安全登录界面。

五、剩余信息清除要求

剩余信息清除要求如下:①在关闭操作系统时启用清除虚拟内存页面文件功能;②在关闭浏览器时启用清除临时文件夹和历史记录功能。

六、应用安全配置要求

应用安全配置要求如下:①启用数据执行保护功能,防止应用软件缓冲区溢出攻击;②启用屏幕保护程序,并设置启用时间;③限制浏览器下载和安装未签名的插件、控件;④在办公软件打开时禁止宏自动运行功能;⑤启用邮件附件恶意代码查杀功能。

七、安全审计配置基本要求

安全审计配置基本要求如下:①启用日志审核机制,设置日志文件大小,写满后应启用自动备份日志文件功能;②记录本地账户的创建、更改、删除、启用、禁用和重命名等操作信息;③记录本地账户登录和注销、客体访问、配置策略变更和特权使用等操作信息;④记录更改系统时间、系统启动和关闭、加载系统组件和审核事件丢失等系统事件信息。

八、人员意识要求

人员意识要求如下:①严禁在涉密计算机上使用无线网卡等一切无线

互联设备,应当拆除具有无线联网功能的硬件模块;②计算机终端使用人不得在非涉密机上传输和使用涉密资料及信息;③公共网络与专用网络不得同时使用;④禁止接入未知来源的移动介质。

第三节 门户网站漏洞分析

一、网络漏洞概述

所谓的网络漏洞,指的是在计算机系统安全中,对系统造成安全威胁的各项因素,其中包括:对计算机系统可靠性安全威胁因素、对计算机系统可用性的安全威胁因素、对计算机系统保密性的安全威胁因素、对计算机系统不可抵赖性的安全威胁因素。实际上,无论是网络结构中的哪一个平台,都可能存在一些安全上的漏洞,也就是说,不存在绝对意义上安全的网络系统。

实际上计算机系统结构不会受到来自系统漏洞本身造成的危害,而是外部环境中的恶意攻击者发现了计算机系统中存在的漏洞,便利用这些安全漏洞制造出安全事件,从而达成攻击者的非法目的。计算机系统结构中存在的安全漏洞,在被攻击者利用的时候对系统整体会造成不同的危害,根据危害程度,可以定义为四个不同的级别:一级漏洞,这一漏洞指的是在远程主机上,外部的侵略者能够利用一级漏洞非法获得访问的权限、root权限,对系统进行非法访问或者非法入侵之后,就可以控制计算机系统结构并对数据库中的信息数据进行恶意的损坏或者篡改;二级漏洞,这一漏洞指的是网络上的本地用户,允许这些用户增加自己的访问权限,或者被本地用户增设非授权类型的数据访问,如对非根用户文件的读写操作;三级漏洞,这一漏洞指的是拒绝服务,也就是说网络用户不能对计算机系统结构中的数据文件和应用程序进行有效访问;三四级漏洞,这一漏洞指的是远程用户具备访问目标主机中部分信息的权限。整体来看,远程用户的这些权限不会危害到计算机系统整体的安全。

二、计算机网络漏洞产生的原因

通常情况下,计算机网络中之所以存在安全漏洞,本质上的因素就在于程序编写上存在极大的不合理。计算机系统结构在更新或者升级的过程中,APP的效用会逐渐提高,App中相应的程序步骤会体现出自身的复杂性,基于这样的条件基础,计算机专业技术人员会在一定程度上忽视网络安全。从APP产业发展角度来看,大多数App具有商业性,那么其质量就不具备保障性。这些APP仅能保证基本效用的完善,而无力确保网络环境安全的持续。这方面漏洞通常都会体现出协议漏洞,专业技术人员在确立协议过程中,会确立安全空间,而在此基础上也仅是注意信息数据传递的快捷性,几乎不注重计算机网络的安全,这就可能导致网络协议及其服务安全性的弱化,并且网络协议服务也仅可在应用层得到维护。通常来说,主机系统漏洞都会被称为系统漏洞,这种漏洞又会包括操作系统和应用软件。实际上无论哪一种类型的软件,其自身的操作系统都不具有100%的安全性,每种系统中都会出现不同程度的安全漏洞。例如,缓冲区输出区存在的是SQL注入安全漏洞。从系统漏洞的发展过程来看,其自身与协议漏洞的发展过程具有很大的相似性,产生这一相似性的主要原因是,各类型软件在初始的开发环节并没有给予网络安全足够的重视,还是一味追求软件的效用。无论是系统上的安全漏洞,还是软件方面的漏洞,很可能都会对网络用户的计算机系统带来非常严重的损坏,在网络中有很多黑客也是利用这些安全漏洞对计算机系统进行攻击。现阶段虽然网络协议已经比较完善,而且系统APP也弥补了漏洞,但这并不意味着漏洞不会再产生。如果网络配置不合理,就会导致网络环境安全性明显降低,网民对安全密码设置得过于简化,使得密码很快被破解。例如,相关工作人员在主观臆断下,将每一个来访者都设定为合作者,且工作人员本身计算机密码保护性弱等,都是工作人员不合理使用计算机所导致的。

第四节 门户网站漏洞扫描技术

一、计算机门户网络漏洞扫描技术

(一)端口扫描技术

如果将端口扫描技术进行合理运用,所体现出的技术效用具有重要的现实意义,这种技术不仅会切实体现本身固有的隐秘性效用,而且还会以高效率的运行模式和易操作的效用被确定为漏洞扫描中的基本技术之一,在对端口扫描技术运行环节会涉及筛选作业的开展,促进漏洞扫描环节可以将服务器中网民的作业状况等信息做出快捷性的收录。除此之外,在具体筛选环节,合理的筛选可以借助实时性管理,了解协议端口服务器的作业进展,促进漏洞扫描环节可以将服务端网民的作业状况等信息全面收录。在具体筛选环节应当借助对服务器端网民作业过程的分析,来辨别其操作过程的合理性,之后便及时做出反馈。如果是以不合理手段来对计算机信息数据库进行不合理访问或入侵,就应当借助有效的措施,拦截其对网络环境不断入侵,避免计算机网络主要效用的弱化。

(二)弱口令漏洞扫描技术

所谓弱口令主要指加密技术,网民借助智能终端设备平台密码设置智能终端设备访问权。如果有外来者入侵网民智能终端设备中的信息数据平台,在输入三次错误密码后,智能终端设备马上做出自我保护,使得黑客不能再进行任何动作。借助这种弱口令漏洞技术的运用,可以精准掌控黑客的不合理访问步骤,确保智能终端设备网络环境的安全。不仅如此,借助对弱口令扫描技术的合理运用,还能够维护终端设备加密端口的良好状态。如果有黑客借助不合理手段,将智能终端设备信息数据库密码全部获取,智能终端设备就会从自我保护的角度发出预警,防止智能终端的数据信息流失,确保智能终端设备网络环境的安全发展。

（三）公共网关接口（Common Gateway Interface，CGI）漏洞扫描技术

相对于一般意义上的网络漏洞扫描技术，CGI漏洞扫描技术功效会更显著，这种技术的抵御力也会较一般意义上的扫描技术更具渗透性。比方说把CGI技术融入公共网络，能够使若干个网民在信息数据上传、存储环节不被网络黑客入侵。因为CGI技术中的Campas法能够在网民的智能终端设备中制造漏洞，将黑客的漏洞获取信息步骤以特征码的模式做出比对，在此基础上再对架构做出研讨，同时将控制平台中本就呈现的漏洞做出检测识别，然后再对所识别到的漏洞施以填补。这种CGI漏洞扫描技术在实际运用所体现出的弊端就是，在具体技术作业环节，应当将智能终端设备中的数据信息等做出全面备份，反之，就可能会使得这些数据信息全消失。

二、漏洞扫描技术的具体应用

（一）主机的漏洞扫描技术

如果以主机为核心，再以扫描技术为支撑，就可以优先对漏洞扫描进行运用，借助对智能终端设备中信息的研讨，判定智能终端技术中呈现的运行不安全漏洞。例如：借助对黑客入侵模式的运用，将智能终端中呈现的漏洞做出全面诊断、识别。在具体的漏洞扫描技术运用中通常都会涉及以下三个步骤：其一是在对智能终端设备控制系统进行扫描时，应当在确定智能终端设备和扫描点的基础上，再进一步确认扫描点，之后再对扫描点做出正式扫描；其二是管控装置是扫描环节中的主要项目，在对指定主机进行比对后，再借助筛选的方法将所涉工作组做出类型上的划分；其三是在装置定位环节结束后，需要待管理装置发出指令的条件下，对主机进行漏洞检测，再将检测最终信息传递至管理装置中。在这三个步骤的具体实行环节中，应当体现总体上的和谐化，如此一来，就会为快捷性和成效性扫描创造有利条件。

(二)主动扫描与被动扫描

主动扫描技术具有长久的发展历程,可以说是基本的漏洞管理模式。因而,主动扫描技术就被设置于智能终端设备中,体现抵挡外来入侵的功能,也体现对智能终端网络管理维护的作用;而被动扫描则以无可替代的自控性能对智能终端设备的网络施以管控。

三、计算机网络漏洞扫描技术的发展趋势

在网络技术和信息技术被各行业普及运用的背景下,网络平台所体现出的实时性、开放性为各行业的工作快捷性发展创造了有利条件,但其间也给不明 APP 和黑客的入侵留下了可乘之机,使得服务器无力发挥其主要效用,网络平台内容大量流失等漏洞问题不断凸显。这些问题若未能尽快得到处理,就可能会导致问题进一步恶化,甚至还可能使得网络平台安全性明显降低。如果将漏洞扫描装置充分运用,就能够使智能终端设备自主识别漏洞,也能够以遥感模式来对漏洞程序进行总结。在这样的条件下,相关专业技术人员就可以实时性地接收端口给出的提示,知晓相关 App 版本及其所呈现出的漏洞和不足,调整系统配置,消除网络漏洞现象。

参考文献

[1]李芳,唐磊,张智.计算机网络安全[M].成都:西南交通大学出版社,2017.

[2]吴朔媚,宋建卫.计算机网络安全技术研究[M].长春:东北师范大学出版社,2017.

[3]严小红,靳艾.计算机网络安全实践教程[M].成都:电子科技大学出版社,2017.

[4]李冠楠.计算机网络安全理论与实践[M].长春:吉林大学出版社,2017.

[5]王彬,陈晨.计算机网络安全教程[M].成都:电子科技大学出版社,2017.

[6]刘永铎,时小虎.计算机网络信息安全研究[M].成都:电子科技大学出版社,2017.

[7]史望聪,钱伟强.计算机网络安全[M].东营:中国石油大学出版社,2017.

[8]宋海波.计算机网络安全[M].郑州:郑州大学出版社,2017.

[9]付忠勇,赵振洲,乔明秋.计算机网络安全教程[M].北京:清华大学出版社,2017.

[10]姜明富.计算机网络安全技术研究[M].北京:中国商务出版社,2017.

[11]姚俊萍,黄美益,艾克拜尔江·买买提.计算机信息安全与网络技术应用[M].长春:吉林美术出版社,2018.

[12]梁松柏.计算机网络信息安全管理[M].北京:九州出版社,2018.

[13]赵睿,康哲,张伟龙.计算机网络管理与安全技术研究[M].长春:吉

林大学出版社,2018.

[14]汪双顶,陆沁.计算机网络安全[M].北京:人民邮电出版社,2018.

[15]陈世红,周春荣.计算机网络安全技术[M].长春:吉林大学出版社,2018.

[16]张晓明,孙勇,郭喜.计算机网络安全研究[M].延吉:延边大学出版社,2018.

[17]贾如春.计算机网络安全运维[M].北京:清华大学出版社,2018.

[18]左红岩,谷金山.计算机网络安全技术[M].西安:西北工业大学出版社,2018.

[19]陈会云,王磊.计算机网络安全技术[M].哈尔滨:东北林业大学出版社,2018.

[20]闫勇.计算机网络安全基础[M].北京:兵器工业出版社,2018.

[21]王海晖,葛杰,何小平.计算机网络安全[M].上海:上海交通大学出版社,2020.

[22]王艳柏,侯晓磊,龚建锋.计算机网络安全技术[M].成都:电子科技大学出版社,2019.

[23]张媛,贾晓霞.计算机网络安全与防御策略[M].天津:天津科学技术出版社,2019.

[24]秦燊,劳翠金,程钢.计算机网络安全防护技术[M].西安:西安电子科技大学出版社,2019.

[25]秦燊.基于虚拟化的计算机网络安全技术[M].延吉:延边大学出版社,2020.

[26]王晓霞,刘艳云.计算机网络信息安全及管理技术研究[M].北京:中国原子能出版社,2019.

[27]温翠玲,王金嵩.计算机网络信息安全与防护策略研究[M].天津:

天津科学技术出版社,2019.

[28]李剑.计算机网络安全[M].北京:机械工业出版社,2020.

[29]李楠,李修云.计算机网络安全技术[M].长春:吉林大学出版社,2019.

[30]石志国,尹浩,臧鸿雁.计算机网络安全教程[M].北京:清华大学出版社、北京交通大学出版社,2019.

版权所有 侵权必究

图书在版编目（CIP）数据

计算机网络安全技术研究 / 张鹏飞，徐长明主编.
湘潭：湘潭大学出版社，2024. 8. -- ISBN 978-7-5687-
1540-9

Ⅰ．TP393.08

中国国家版本馆 CIP 数据核字第 2024A0W801 号

计算机网络安全技术研究

JISUANJI WANGLUO ANQUAN JISHU YANJIU

张鹏飞　徐长明　主编

责任编辑：刘文情

封面设计：张　波

出版发行：湘潭大学出版社

社　　址：湖南省湘潭大学工程训练大楼

电　　话：0731-58298960 0731-58298966（传真）

邮　　编：411105

网　　址：http://press.xtu.edu.cn/

印　　刷：长沙印通印刷有限公司

经　　销：湖南省新华书店

开　　本：710 mm×1000 mm 1/16

印　　张：13.25

字　　数：232 千字

版　　次：2024 年 8 月第 1 版

印　　次：2024 年 8 月第 1 次印刷

书　　号：ISBN 978-7-5687-1540-9

定　　价：60.00 元